Heideggers Wissenschaftsauffassung

Europäische Hochschulschriften
Publications Universitaires Européennes
European University Studies

Reihe XX
Philosophie

Série XX Series XX
Philosophie
Philosophy

Bd./Vol. 688

PETER LANG
Frankfurt am Main · Berlin · Bern · Bruxelles · New York · Oxford · Wien

Tibor Schwendtner

Heideggers Wissenschaftsauffassung

Im Spiegel der Schriften 1919–29

PETER LANG
Europäischer Verlag der Wissenschaften

Bibliografische Information Der Deutschen Bibliothek
Die Deutsche Bibliothek verzeichnet diese Publikation in der Deutschen Nationalbibliografie; detaillierte bibliografische Daten sind im Internet über <http://dnb.ddb.de> abrufbar.

Die Veröffentlichung des Buches wurde durch die Unterstützung des OTKA (T 046757 und T 035285) befördert.

Übersetzt von
Éva Gedö, Tibor Schwendtner, Károly Vajda.

ISSN 0721-3417
ISBN 3-631-53044-7

www.peterlang.de

Dem Andenken meines Vaters

„Mit dem Geschirrwaschen ist es doch genau wie mit der Sprache. Wir haben schmutziges Spülwasser und schmutzige Küchentücher, und doch gelingt es, damit die Teller und Gläser schließlich sauberzumachen.So haben wir in der Sprache unklare Begriffe und eine in ihrem Anwendungsbereich in unbekannter Weise eingeschränkte Logik, und doch gelingt es, damit Klarheit in unser Verständnis der Natur zu bringen."

(Niels Bohr)

„Denn die Pioniere der Mathematik hatten sich von bewissen Grundlagen brauchbare Vorstellungen gemacht, aus denen sich Schlüsse, Rechnungsarten, Resultate ergaben, deren bemächtigten sich die Physiker, um neue Ergebnisse erhalten, und endlich kamen die Techniker, nahmen oft bloß die Resultate, setzen neue Rechnungen darauf und es entstanden die Maschinen. Und plötzlich, nachdem alles in schönste Existenz gebracht war, kamen die Mathematiker – jene, die ganz innen herumgrübeln, – darauf, daß etwas in den Grundlagen der ganzen Sache absolut nicht in Ordnung zu bringen sei; tatsächlich, sie sahen zuunterst nach und fanden, daß das ganze Gebäude in der Luft stehe. Aber die Maschinen liefen! Man muß daraufhin annehmen, daß unser Dasein bleicher Spuk ist; wir leben es, aber eigentlich nur auf Grund eines Irrtums, ohne den es nicht entstanden wäre."

(Robert Musil)

„Was zuerst bei einem künftigen Wandel der Wissenschaften geschehen muß? Der ständig wachhaltende Einbau der geschichtlichen Besinnung in die Wissenschaften, zumal in die Naturwissenschaften"

(Martin Heidegger)

DANKSAGUNGEN

Vor allem möchte ich mich bei István M. Fehér bedanken, der schon meine Diplomarbeit betreut hatte und mir sowohl durch seine Publikationen und Seminarübungen als auch in persönlichen Gesprächen zu einer wahren Herausforderung und Anregung geworden ist. Er hat mein Denken, mein Verhältnis zur Philosophie nicht minder nachhaltig geprägt als meine Vorstellungen über das Denken Heideggers. Es ist mir eine große Hilfe, daß er der strengste Kritiker meiner Schriften ist.

Eine der wichtigsten Motivationen meiner Heidegger-Forschungen war schon immer die Bestrebung, Stützpunkte für philosophische Untersuchungen hinsichtlich der Naturwissenschaften zu gewinnen. Jene Wissenschaftsphilosophie, die bereit ist, geschichtlich zu denken und die Frage nach den Naturwissenschaften in einen breiteren Gesichtskreis zu legen, haben mir vor allem Márta Fehér, Vera Békés und László Ropolyi vermittelt; die schier unendlichen Gespräche mit Tihamér Margitay haben mich hinwiederum davon überzeugt, daß die Strenge der analytischen Philosophie beim Philosophieren ernsthafte Hilfe sein kann.

Als eine große Hilfe erwies sich auch, daß die verschiedenen Textvarianten der ursprünglich bei der Ungarischen Akademie der Wissenschaften eingereichten und verteidigten Dissertation vorab von vielen begutachtet und beurteilt worden sind. Diese Kollegen trugen mit ihren unter den verschiedensten Aspekten vorgebrachten Bemerkungen, Urteilen und Ratschlägen, die von stilistischen Fragen über prinzipielle Schwierigkeiten zu strukturellen Problemen des Konzepts reichten, in beträchtlichem Maße zur Verbesserung der vorliegenden Studie bei. Für ihre wertvollen Hilfeleistungen bin ich Vera Békés, Márta Fehér, István M. Fehér, András Gedõ, Tihamér Margitay, Krisztián Orbán, László Ropolyi, István György Szabó, István Szász, Gábor Toronyai, János Tõzsér und Mihály Vajda zu Dank verpflichtet.

Besonderer Dank gebührt meiner Frau, Éva Gedõ, für ihre opferbereite Arbeit, die weder Zeit noch Mühe gescheut hat, den Text von Satz zu Satz durchzukämmen. Auch hatte sie unzählige, oft essentielle Vorschläge gemacht, die ich bei der Konzipierung dieses Buches verwendet habe. Ihre Hilfe und Unterstützung war für die Niederschreibung dieser Studie von entscheidender Bedeutung.

Mein tiefer Dank gilt auch Amelie Lanier und Barbara Zahnen, die diese Arbeit sprachlich durchgelesen und verbessert haben.

INHALTSVERZEICHNIS

1. EINLEITUNG

„'Erforscht werden soll das Seiende nur und sonst – *nichts*; das Seiende allein und weiter – *nichts*; das Seiende einzig und darüber hinaus – *nichts*.' [...]'*Wie steht es um dieses Nichts?*' [...] *Frage und Antwort* im Hinblick auf das Nichts sind gleicherweise in sich *widersinnig*.' [...] 'Die gemeinhin beigezogene Grundregel des Denkens überhaupt, der Satz vom zu vermeinenden Widerspruch, die allgemeine '*Logik*', schlägt diese Frage nieder.' [...] "*Gibt es das Nichts nur, weil es das Nichts, d.h. die Verneinung gibt? Oder liegt es umgekehrt? Gibt es die Verneinung und das Nicht nur, weil es das Nichts gibt?*' [...] 'Wir behaupten: *das Nichts ist ursprünglicher als das Nicht und die Verneinung*.' [...] 'Wo suchen wir das Nichts? Wie finden wir das Nichts?' [...] '*Wir kennen das Nichts*.' [...] '*Die Angst offenbart das Nichts*.' [...]'Wovor und worum wir uns ängsteten, war 'eigentlich' – nichts. In der Tat: das Nichts selbst – als solches – war da.' [...] '*Das Nichts selbst nichtet*.' [...] 'Wenn so die Macht des *Verstandes* im Felde der Fragen nach dem Nichts und dem Sein gebrochen wird, dann entscheidet sich damit auch das Schicksal der Herrschaft der 'Logik' innerhalb der Philosophie. Die Idee der 'Logik' selbst *löst sich auf* im Wirbel eines ursprünglicheren Fragens.' [...] 'Die vermeintliche Nüchternheit und Überlegenheit der Wissenschaft wird zur Lächerlichkeit, wenn sie das Nichts nicht ernst nimmt.'"

Die obenen Heideggerschen Sätze wurden von Rudolf Carnap, einem der Begründer der modernen Wissenschaftstheorie, in seinem berühmten Artikel „Überwindung der Metaphysik durch logische Analyse der Sprache" herangezogen. (Carnap 1931) Die Absicht von Carnap war es, die Sinnlosigkeit jeder Metaphysik durch die Analyse der sogenannten Scheinsätze zu beweisen. Die Sätze aus Heideggers *Was ist Metaphysik?* hielt Carnap zur Ausführung seiner Thesen für besonders geeignet.[1]

Für diese Untersuchung, die die Heideggersche Wissenschaftsauffassung zu rekonstruieren beabsichtigt, hat es eine besondere Bedeutung, daß 1. dieser Artikel von Carnap nach meinem besten Wissen der einzige klassische wissenschaftsphilosophische Text ist, in dem von Heidegger überhaupt die Rede ist, 2. nicht einmal in diesem Artikel handelt es sich um den Anspruch oder die Möglichkeit des Gesprächs, sondern gerade im Gegenteil, die Heideggerschen Sätze stehen

[1] Diese Abhandlung nimmt es nicht auf sich, die Voraussetzungen und die Zugangsweise von Carnap zu erörtern; sie möchte vielmehr einen Versuch anstellen, die von Carnap zitierten Sätze auszulegen und zu zeigen, daß sich diese Sätze mit Heideggers Wissenschaftsauffassung in Zusammenhang bringen lassen. Jene Wissenschaftsauffassung, die ihre Aufmerksamkeit auf die Geschichtlichkeit richtet, die menschliche Endlichkeit, die die Wissenschaften mit Hilfe der hermeneutischen, phänomenologischen Zugangsart interpretieren will, die ihre Grundlage in der Auffassung des menschlichen Daseins als In-der-Welt-sein hat. Heideggers Wissenschaftsauffassung und die ihre Grundlage bildende Philosophie wurden in mehreren Interpretationen mit den Zugangsweisen in Zusammenhang gebracht, die von Polányi, Kuhn, Hanson, Feyerabend vertreten wurde und die die unter anderem gerade von Carnap begründete neopositivistische Wissenschaftstheorie erschütterten. (vgl. z. B. Kisiel 1971 S. 195-221, 1978 S. 162-181, Rouse 1981 S. 269-290, Schwendtner 1999 S. 35-57) Insofern möchte ich also in dieser Abhandlung beweisen, daß Carnap 'eine gute Wahl getroffen hat', als er gerade jene Sätze aus den damals zugänglichen Heideggerschen Schriften hervorgehoben hat, die eine zur neopositivistischen Wissenschaftstheorie alternative Auffassung andeuten.

dort für die Verkörperung der Sinnlosigkeit, als Warnsignal: keinen Schritt in diese Richtung!
Die oben zitierten Sätze sollen nach den Intentionen von Carnap gleichsam eine Demarkationslinie zwischen die unter anderem die Wissenschaft betreffende, vernünftige philosophische Rede und die Heideggerschen Texte ziehen. Diese Bestrebung ist besonders merkwürdig, es handelt sich hier nämlich um eine typische Situation: andere, sich auf die Wissenschaft beziehenden Gedanken von Heidegger haben ebenfalls eine Interpretationsstrategie ausgelöst, die anstatt des Suchens nach den Wegen des Verständnisses vielmehr eine Mauer errichtete, Auslegungsschemata bevorzugte, die die echten Auseinandersetzungen und die geistige Aneignung behindert haben.
Als das namhafteste Beispiel dafür sei die berühmt-berüchtigte Heideggersche Aussage genannt: „Die Wissenschaft denkt nicht." (VA S. 133) Dieser kurze Satz hat dazu oft Anlaß gegeben, Heidegger als einen radikalen Kritiker der Wissenschaft, – mit Kisiels Ausdruck – als 'neo-Luddite' zu bezeichnen. (Kisiel 1978 S. 164) Man kann dagegen Husserl oder Kuhn als Beispiele erwähnen, die verwandte Ideen ausgeführt hatten, ohne dabei Anklagen dieser Art zu begegnen.[2]
Das Wesen seines Gedankens hat Heidegger in einem Gespräch mit Richard Wisser wohl am klarsten ausgeführt: „Die *Wissenschaft* bewegt sich nicht in der *Dimension der Philosophie*. Sie ist aber, ohne daß sie es weiß, auf diese Dimension *angewiesen*. Zum Beispiel: Die Physik bewegt sich in Raum und Zeit und Bewegung. Was Bewegung, was Raum, was Zeit ist, kann die Wissenschaft nicht entscheiden: Die Wissenschaft *denkt* also nicht, sie *kann* in *diesem* Sinne mit ihren Methoden gar nicht denken. Ich kann nicht z. B. mit physikalischen Methoden sagen, was die Physik ist. Was die Physik ist, kann ich nur denken, in der Weise des philosophischen Fragens. Der Satz: die Wissenschaft denkt nicht, ist *kein Vorwurf*, sondern ist nur eine *Feststellung* der inneren Struktur der Wissenschaft". (Wisser 1970 S. 72)
Demnach wollte Heidegger mit diesem Satz behaupten, daß die Wissenschaft als Wissenschaft nicht über die Mittel verfügt, mit deren Hilfe sie nach sich selbst als Wissenschaft und nach den ihre eigene Tätigkeit ermöglichenden Grundbe-

---

[2] Husserl schrieb zum Beispiel in der „Philosophie als strenge Wissenschaft" folgendes: „Es bedarf nur strenger Konsequenz in der Festhaltung des Niveaus dieser Problematik (einer Konsequenz, die freilich *allen* bisherigen Erkenntnistheorien gefehlt hat), um den *Widersinn* einer 'naturwissenschaftlichen Erkenntnistheorie' einzusehen, also auch den jeder psychologischen. Sind, allgemein gesprochen, gewisse Rätsel der Naturwissenschaft prinzipiell immanent, so sind ihr selbstverständlich deren Lösungen nach Prämissen und Ergebnissen prinzipiell transzendent. Die Lösung eines jeden Problems, das der Naturwissenschaft *als solche* anhaftet - also ihr durch und durch, von Anfang bis Ende anhaftet -, von der Naturwissenschaft selbst erwarten zu wollen oder auch nur zu meinen, daß sie für die Lösung eines derartigen Problems irgendwelche *Prämissen* beisteuern könne, das heißt, sich in einem widersinnigen Zirkel bewegen." (Husserl 1987 S. 15)
Es ist doch offenbar, daß die normale Wissenschaft nach Kuhn keine philosophischen Fragen stellt.

griffen, Voraussetzungen fragen könnte. (vgl. Kockelmans 1985 S. 134 ff., Glazebrook 2000 S. 216 f.) Beim späten Heidegger überwindet sogar der Begriff 'Denken' selbst das 'Philosophieren'[3], und wenn unter diesem Begriff die seinsgeschichtliche Gesinnungsweise verstanden wird, so läßt sich feststellen, daß gerade das Gegenteil dieses ominösen Heideggerschen Satzes, die Wissenschaft denke, die seinsgeschichtliche Perspektive eröffnend, merkwürdig und unverständlich wäre.

Die von Carnap zitierten Sätze, bzw. der Satz 'Wissenschaft denkt nicht' haben es wohl bewirkt, daß sich die Vorurteile und Auslegungsschemata[4] durchgesetzt hatten, die das Fragen nach der Wissenschaftsauffassung Heiddeggers, bzw. die kritische Verknüpfung[5] des Heideggerschen Denkens mit der wissenschaftsphilosophischen Tradition als abwegig abgelehnt hatten. Es ist eine merkwürdige Tatsache, daß unter den ungeheuer vielen Büchern über Heidegger insgesamt zwei Monographien über Wissenschaftsauffassung von Heidegger aufzufinden sind. (vgl. Bast 1986, Kockelmans 1985)

Neben den obigen gibt es meines Erachtens einen wohl noch wichtigeren Grund dafür, daß dieses Thema relativ unverbearbeitet geblieben ist und Heideggers Wirkung auf die wissenschaftstheoretische Tradition so gering war. Dieser Umstand zeigt auch, wie eine an sich selbst richtige Behauptung wesentliche Zusammenhänge verdecken kann. Behauptungen wie: 'Heidegger war kein Wissenschaftstheoretiker', oder 'Heidegger weist die Wissenschaftstheorie, den theoretischen Zugang zur Wissenschaft ab' sind vollkommen richtig, jedoch können sie irreführend sein.

Beiden Formulierungen verweisen auf verschiedene Überlegungen. Der erste Satz hängt damit zusammen, daß Heidegger die disziplinäre Aufteilung der Philo-

---

[3] Heidegger schreibt zum Beispiel folgendes: „Die Beschäftigung mit der Philosophie kann uns sogar am hartnäckigsten den Anschein vorgaukeln, daß wir denken, weil wir doch 'philosophieren'." (VA S. 131)

[4] Der späte Heidegger hat ja auch die neuzeitlichen Wissenschaften der Seinsvergessenheit zugeordnet, er hat die Wissenschaften wahrlich kritisch behandelt. Diese Kritik soll aber nicht bedeuten, daß Heidegger ein radikaler Feind der Wissenschaften gewesen wäre. Ferner darf man auch nicht außer acht lassen, daß diese eindeutige Einordnung der Wissenschaften für den jungen Heidegger noch nicht kennzeichnend ist. In den 20er Jahren hat Heidegger neue, alternative Wege für die Wissenschaften erdacht, und eine dieser Möglichkeiten ist die sogenannte 'echte Wissenschaft', zwischen der und der Eigentlichkeit des menschlichen Daseins Parallelen gezogen werden können.

[5] Eine wichtige Ausnahme von dieser Tendenz stellt die Gruppe jener Philosophen dar, die sich die Ausarbeitung der Hermeneutik der Naturwissenschaften zum Ziel gesetzt haben. Theodore Kisiel, Patrick A. Heelan, Joseph Kockelmans, Don Ihde, Robert Crease, Martin Eger und andere Philosophen haben es versucht, die wissenschaftstheoretische Tradition mit der hermeneutischen Sichtweise zu verknüpfen, die verschiedenen Wege der hermeneutischen Zugangsweisen der Naturwissenschaften, bzw. die verborgenen, hermeneutischen Züge der Naturwissenschaften zu entdecken. (vgl. z.B. Kisiel 1971, Kisiel 1978, Heelan 1972, Heelan 1997, Kockelmans 1993, Kockelmans 1997, Crease 1999, Eger 1997, Eger 1999, Ihde 1997, Ihde 1999, Schulz 1999, Mitscherling 2003)

sophie abgewiesen hat. (vgl. z.B. GA 58 S. 21, SZ S. 27, GA 24 S. 3) Die Fixierung der philosophischen Disziplinen, die isolierte Behandlung[6] der Problemsphären würde nämlich die Übernahme der tradierten Ausgelegtheiten, Voraussetzungen, und zugleich den Verzicht auf die radikale Erneuerung der philosophischen Problematik, die vorherige Beschränkung des Fragens bedeuten. Das philosophische Fragen kann keine vorher bestehenden Grenzen, nicht einmal die diese Grenzen fixierende von vorherein gegebene Begrifflichkeit hinnehmen, und wenn überhaupt von philosophischen Disziplinen die Rede sein kann, dann nur in diesem Sinne: „aus den sachlichen Notwendigkeiten bestimmter Fragen und der aus den 'Sachen selbst' geforderten Behandlungsart kann sich allenfalls eine Disziplin ausbilden." (SZ S. 27)

Heidegger war also nie bestrebt, die Probleme der Wissenschaftsphilosophie in eine eigene Disziplin zusammenzufassen und durch die Festlegung der Grenzen dieser Disziplin wissenschaftstheoretische Forschungen zu treiben;[7] das schloß jedoch für Heidegger nicht aus, bezüglich der Wissenschaft Fragen aufzuwerfen, und *konkrete* Probleme hinsichtlich der Wissenschaft zu lösen zu versuchen. Die Behauptung 'Heidegger war kein Wissenschaftstheoretiker' ist also irreführend, indem sie darauf hinweist, daß dieser Problembereich leer ist, es hier nichts zu fragen gibt, sondern es handelt sich wohl vielmehr darum, daß Heidegger *das Fragen nach der Wissenschaft in einer anderen Weise stellen wollte*, und er diese Fragen nicht nach Disziplinen abzugrenzen beabsichtigte, sondern die Offenheit des Fragens für die breiteren Horizonte bewahren wollte.[8]

Die zweite Formulierung bezieht sich auf die Zugangsweise zu den Wissenschaften. Heidegger unterscheidet scharf zwischen seiner eigenen hermeneutischen, phänomenologischen Zugangsweise und der theoretischen Einstellung. Durch die objektivierende theoretische Einstellung sind die Fachwissenschaften charakterisiert, aber Heidegger betrachtet es als abwegig, die Fachwissenschaften selbst mit Hilfe dieser Einstellung zugänglich zu machen. „Das Problem der *theoretischen* Erkenntnis durch Erkenntnis*theorie* lösen, *die Theorie durch die Theorie?*" (GA 56/57 S. 96) Die Heideggersche Antwort ist eindeutiges Nein, die

---

[6] Wenn Heidegger sagt, „es gibt in der Phänomenologie als Ursprungwissenschaft keine Spezialprobleme, [...] sondern es gibt in ihr [...] *konkrete Probleme*" (GA 58 S. 26), dann bekämpft er gerade die isolierte Behandlung der Probleme; somit sind die konkreten Probleme nicht von vorherein gegeben, sondern sie wachsen aus dem Fragen und den ursprünglichen Erfahrungen heraus.

[7] Nach Glazebrook kann Heidegger selbst als ein Wissenschaftsphilosoph betrachtet werden: „One thing is clear: the task of the philosopher of science is, at least in part, to ask what constitutes science. Heidegger is certainly a philosopher of science in this respect." (Glazebrook 2000 S. 1)

[8] Dieses Heideggersche Streben darf meiner Meinung nach nicht als starre Disziplinfeindlichkeit angesehen werden, sondern man sollte es so betrachten, daß hier die Offenheit hervorgehoben wird, die die Grenzen der gegebenen Disziplinen überwindet. Diese Auffassung richtet sich daher nicht gegen die Wissenschaftsphilosophie, sondern gegen das disziplinäre Sich-Einschließen.

objektivierende theoretische Einstellung, d.h. die Fachwissenschaften können nur durch eine im Sinne einer phänomenologischen Hermeneutik verstandene, vortheoretische Urwissenschaft erfaßt werden. (a.a.O. S. 96 ff.)[9]

Die Wissenschafts*theorie*, d.h. der theoretische Zugang zu den Wissenschaften kommt daher für Heidegger für die philosophische Auslegung der Wissenschaften nicht in Betracht, demgegenüber kann eine andere Weise, die hermeneutische, phänomenologische Zugangsart dafür geeignet sein. Die Behauptung also, Heidegger lehne die prinzipielle Notwendigkeit der Wissenschaftstheorie ab, ist irreführend, indem sie wesentliche Heideggersche Fragen, konkrete Fragestellungen verhüllen kann.

Bis jetzt wurden drei Vorurteile thematisiert, die einen Verzicht auf die Interpretation von Heideggers Wissenschaftsauffassung veranlassen, und den Ausleger gleichsam entlasten können. Diese drei Vorurteile können in je einem Satz formuliert werden: 'Heidegger spricht eine logisch falsche, unverständliche Sprache', 'Heidegger ist ein wissenschaftsfeindlicher Philosoph' und 'Heidegger ist kein Wissenschaftstheoretiker'. All diese Sätze, wenn auch auf verschiedene Weise, deuten an, daß in dieser Richtung keine fruchtbaren Fragen zu stellen sind, es nichts zu forschen gibt. Es ist für die Situation recht kennzeichnend, daß die in diesem Themenkreis geschriebenen Aufsätze von den beiden so ausgezeichneten Heidegger-Kennern, wie William J. Richardson und Theodore Kisiel, quasi mit einer Entschuldigung begonnen werden: Richardson behauptet schon im ersten Satz, daß Heidegger kein Wissenschaftsphilosoph war (Richardson 1968 S. 511), und Kisiel fängt seine Abhandlung mit folgender Frage an: „Heidegger and science?" (Kisiel 1978 S. 162) Im ganzen nehmen beide Verfasser eine ausgewogene Stellungnahme zu dieser Frage ein, diese einleitenden Sätze zeigen es doch an, *auf welches Publikum ihre Abhandlungen bedacht waren.*

Selbst Heideggers eigene Beziehung zu den Wissenschaften ist nicht frei von Spannungen, Schwankungen, ja wesentlichen Umstellungen. Bei der Untersuchung dieses Themas ist es besonders wichtig, die verschiedenen Perioden des Heideggerschen Denkens geschichtlich differenziert zu analysieren. In dem oben erwähnten Aufsatz unterscheidet Kisiel innerhalb des Lebenswerks von Heidegger drei Begriffe der Wissenschaft: den logischen Begriff von 1914-16, den existentialen Begriff von *Sein und Zeit* und den metaphysischen Begriff des späten

---

[9] John Richardson stützt sich in seiner *Existential Epistemologie* stark auf diese Heideggersche Auffassung, als er die cartesianische Erkenntnistheorie durch das „Heideggerian diagnosis" in Frage stellt. (J. Richardson 1986 S. 80) Richardson behauptet, daß die traditionelle Epistemologie, die durch die objektivierende theoretische Einstellung gekennzeichnet ist, sich selbst durch die eigenen Termini, d.h. durch Termini zu erfassen versucht, die sich für die vorhandenen Objekte eignen; diese Zugangsart taugt jedoch nicht zu der Auslegung der theoretischen Einstellung, denn sie stellt eine Seinsart des In-der-Welt-seins dar. (vgl. a.a.O. S. 80-97)

Heidegger. (vgl. a.a.O. S. 162 f.) Im Licht der im letzten Jahrzehnt erschienenen Werke des frühen Heidegger scheint es durchaus notwendig zu sein, auch die Epoche von 1919-22[10] zu unterscheiden; für diese Epoche ließe sich eventuell der hermeneutisch-phänomenologische Begriff der Wissenschaft feststellen. In dieser Abhandlung wird die Epoche von 1919-29 untersucht, denn diese Epoche scheint bezüglich der Wissenschaft am reichsten und aufregendsten zu sein, sie umfaßt also die frühe Freiburger Periode und die Schaffensperiode von *Sein und Zeit*. Sowohl die noch nicht als selbstständig zu betrachtenden Versuche von 1914-16, als auch die Philosophie und Wissenschaftsauffassung des späten Heidegger können erst im Licht der Ergebnisse dieses Jahrzehntes interpretiert werden. Einerseits ist es für die Heideggersche Behandlungsweise der Wissenschaften charakteristisch, daß uns so gut wie gar keine selbstständige Abhandlungen über dieses Thema zur Verfügung stehen;[11] die Wissenschaften werden in den zahlreichen Vorlesungen von Heidegger eher in sporadischen Erwähnungen behandelt, selbst die ca. 20 Seiten betragenden Ausführungen gibt es ganz selten. (vgl. z.B. GA 58 S. 65-81, GA 25 S. 17-39, FD S. 50-75) Anderseits kommt Heidegger jedoch hartnäckig wieder und wieder auf die Frage der Wissenschaft zurück, oft ja an ziemlich exponierten Stellen: in seinem Habilitationsvortrag, seinem *ersten* öffentlichen Auftreten hat er die Zeitauffassung der Natur- und Geisteswissenschaften verglichen (GA 1 S. 413-433); die *ersten* Worte des aus dem Krieg zurückgekehrten, jungen Philosophen handelten von den Wissenschaften (GA 56/57 S. 3-6.); auch in den einführenden Pharagraphen von Sein und Zeit, die den *Vor*rang der Seinsfrage betreffen, werden die Wissenschaften thematisiert (SZ §§ 3-4.); in den zur Zeit der Entstehung von *Sein und Zeit* gehaltenen Vorlesungen geht es in den *ersten* Paragraphen – unter anderen – meistens auch um die Wissenschaften. (vgl. GA 20 S. 1-6, GA 21 S. 1 f., 15 ff., GA 24 S. 4, 15 ff., GA 25 S. 17-39). Als Heidegger seine Antrittsvorlesung in Freiburg hielt, hatte er wichtiges über Wissenschaften zu sagen (WGM S. 1-4, 17 f.); sein zweites Hauptwerk (Beiträge zur Philosophie) stellt sich aus sechs sogenannten Fugen zusammen (vgl. Herrmann 1994 S. 32-39), eines der wichtigsten Themen der *ersten* Fuge stellt die Wissenschaft dar (GA 65 S. 141-166); und wie Pöggeler berichtet: „als Heidegger in den letzten Lebensjahren zu der geplanten Gesamtausgabe seiner Werke ein *Vor*wort zu schreiben versuchte, wurde daraus das Manuskript für ein ganzes Buch, und es handelte über nichts anderes als über neuzeitliche Naturwissenschaft und moderne Technik.“ (Pöggeler 1983 S. 398, Hervorhebung von T. S.)

---

[10] Wie wichtig auch die Unterscheidung zwischen den verschiedenen Perioden ist, so schwierig ist es, die genauen Grenzlinien zu finden.

[11] Als Ausnahmen könnten nur einige kürzere Aufsätze erwähnt werden: „Die Zeit des Weltbildes“ (GA 5 S. 75-113) und „Wissenschaft und Besinnung“ (VA S. 45-70)

Die Wissenschaften stellen für Heidegger eine unumgängliche Herausforderung dar. Wenn Heidegger an eine Aufgabe herangeht, wenn er den Gang einer Untersuchung im *Vor*hinein entwirft, wenn er den *Vor*rang seiner Fragestellungen sichern will, *stößt* er sehr häufig auf die Problematik der Wissenschaften. Zwar hält er keine Vorlesungsreihe, schreibt keine Bücher über die Wissenschaften, *während er aber seinen Blick auf ewas anderes richtet, stolpert er über die Wissenschaften.* Diese spannungsvolle Beziehung charakterisiert immerfort Heideggers Auseinandersetzung mit der Wissenschaften. *Er strebt nicht zu den Wissenschaften, aber er kann ihnen nicht einmal wortlos ausweichen.*[12] Er sieht in der Methodik der Fachwissenschaften eine Denk- und Verhaltungsweise, die, wenn sie ihre eigenen Grenzen überschreitet, auch das philosophische Denken überwinden kann, und dadurch den Menschen um die Perspektive bringen kann, von der aus die Tradition der modernen Wissenschaft in Frage gestellt und wieder besonnen werden könnte.

Aus diesen Umständen ergeben sich wichtige Konsequenzen. Die Rekonstruktion konzentriert sich freilich auf die Gedankengänge, Erwähnungen Heideggers, die ursprünglich in breitere Zusammenhänge eingebettet sind. Unsere Aufgabe ist es demnach, diese breiteren Zusammenhänge zu erhalten, während die Wissenschaften ins Zentrum des Interesses gestellt werden. Die breiteren Zusammenhänge der Heideggerschen Philosophie sind umso mehr in Betracht zu ziehen, da Heidegger selbst, wie früher schon angedeutet, die isolierte Erörterung des Themenkreises, die Abgrenzung der Disziplinen abgelehnt hat. In die Rekonstruktion der Problematik der Wissenschaften sollen also den Heideggerschen Intentionen nach Fragestellungen integriert werden, die den tieferen Dimensionen seines Denkens eigen sind. *Die Aufgabe ist daher nicht das Herausschneiden und die abgegrenzte Erörterung der die Wissenschaften betreffenden Gedanken von Heidegger, sondern eine Umstellung des Blickes, die die Beziehung zu den ursprünglichen Horizonten nicht verliert, die 'neuen'*[13] *und die ursprünglichen Zusammenhänge zusammen sehen läßt.*

Eine *Rekonstruktion* ist im allgemeinen danach bestrebt, die zu verschiedenen Zeitpunkten und in verschiedenen Textzusammenhängen ausgeführten Gedanken-

---

[12] Auf die Frage, warum Heidegger zu der Problematik der Wissenschaften immer wieder zurückkehrt, antwortet Kockelmans folgendes: „This serious concern with the sciences is understandable in light of the fact that the prevalent world view in our contemporary Western civilisation is largery controlled by the science." (Kockelmans 1985 S. 117) Weizsäcker meint: „Heidegger hat, so scheint mir, die geschichtliche Rolle der Naturwissenschaft richtiger gesehen als ihre Kritiker. Er sieht, daß die Naturwissenschaft für uns schicksalbestimmend ist, weil sie die für die Neuzeit zentrale, ihre eigentliche Form der Wahrheit ist. (Weizsäcker 1981 S. 425)[13] Als Ausnahmen könnten nur einige kürzere Aufsätze erwähnt werden: „Die Zeit des Weltbildes" (GA 5 S. 75-113) und „Wissenschaft und Besinnung" (VA S. 45-70)

[13] Die 'neuen' Zusammenhänge weisen darauf hin, daß hier durch die Rekonstruktion die Akzente unvermeidlich umgestellt werden.

gänge in einen *einheitlichen* Interpretationszusammenhang zu stellen, und auf diese Weise, selbst wenn die Rekonstruktion ihre Aufmerksamkeit auf die aktuellen Horizonte, die Veränderungen der Positionen richtet, *der inneren Logik des auszuarbeitenden Themas eine ausgezeichnete Bedeutung beizulegen.* Diese Vollzugsweise der Rekonstruktion ist für die ganze Abhandlung von Bedeutung, und bestimmt gewissermaßen auch ihre Grenzen. Dieser Sinn der Rekonstruktion schließt nämlich gegensätzliche Tendenzen zum Prinzip der Geschichtlichkeit in sich.Diese Abhandlung sucht diese Spannung in differenzierter Weise zu behandeln, indem sie die möglichen Wege des geschichtlichen Zugangs in verschiedenem Maße zur Geltung bringt. Es besagt, daß 1. sich die Rekonstruktion innerhalb des Lebenswerks von Heidegger auf das Jahrzehnt 1919-29 konzentriert, und die Gedankenwelt des früheren und späteren Heidegger erst dann behandelt wird, wenn es die aktuelle Auslegung erleichtert oder beleuchtet. 2. Es sollen zunächst die Umstellungen der begrifflichen Strukturen, die Veränderungen der Zugangsweisen im betroffenen Zeitraum zur Geltung gebracht werden, wobei die Selbstständigkeit der Zusammenhänge des zu betrachtenden Gegenstandes zugleich dominant bleiben soll. Die Rekonstruktion geht von der erst später nachzuweisenden Voraussetzung aus, daß die sich auf die Wissenschaften beziehenden Gedanken von Heidegger trotz der Modifizierung der Strukturen der Begrifflichkeit ein zusammenhängendes Ganzes darstellen und auf diese Weise die verschiedenen Gedankengänge aus dem geschichtlichen Raum vom Ringen Heideggers mit den Problemen in den logischen Raum der immanenten Zusammenhänge des untersuchten Gegenstandes hineingehoben werden können. Diese Voraussetzung soll freilich durch den 'zwangsfreien' Vollzug der Aufgabe nachgewiesen werden. 3. Ferner können nicht die wirkungsgeschichtlichen Zusammenhänge in diese Abhandlung einbezogen werden. Wie stark auch Husserl, die Neokantianer, Dilthey, Nietzsche, die klassische deutsche Philosophie, Max Weber auf Heidegger auch bezüglich der Wissenschaften gewirkt haben mögen, können in dieser Abhandlung die wirkungsgeschichtlichen Zusammenhänge aus Umfangsgründen, beziehungsweise um der Einheit der Ausführung willen, nicht untersucht werden.

Die Abhandlung besteht aus dieser Einleitung und drei größeren Einheiten. Im zweiten Abschnitt werden jene Hauptbestrebungen von Heidegger analysiert, die sich für die Erörterung seiner Wissenschaftsauffassung als notwendig erweisen. In den dritten und vierten Abschnitten wird der eigentliche Gegenstand dieser Arbeit, d.h. die die Wissenschaften betreffenden Gedanken rekonstruiert und interpretiert. Im dritten Abschnitt werden die grundlegenden Dimensionen vom Wissenschaftsbegriff Heideggers rekonstruiert, die die Dynamik und die inneren Spannungen der Wissenschaft konstituieren, und so die Bedingungen der Möglichkeiten für die Entwicklungsrichtungen der Wissenschaft darstellen. Diese Möglichkeiten werden im vierten Abschnitt analysiert. Aus diesen Analysen ergibt sich dann, daß

Heidegger im untersuchten Zeitraum auch bezüglich der Wissenschaften dem Begriffspaar der Eigentlichkeit und Uneigentlichkeit analoge Möglichkeitdimensionen entwirft. Der Heideggersche Begriff für eine 'eigentliche' Wissenschaft ist die 'echte Wissenschaft', welcher Ausdruck sich in den zu untersuchenden Texten[14] *nicht* auf die im Sinne der Urwissenschaft verstandene Philosophie, sondern auf die Fachwissenschaften, so auch auf die Naturwissenschaften bezieht.

[14] Der Ausdruck 'echt' bezieht sich in den Texten dieses Zeitraums freilich unzählige Male auch auf die Philosophie, die Phänomenologie.

2. DIE HAUPTBESTREBUNGEN VON HEIDEGGER

Die Erörterung der Heideggerschen Gedankenwelt soll in den folgenden Kapiteln den Hintergrund für die spätere Rekonstruktion bilden. Aus dieser Perspektive her werden die zu erörternden Themen ausgewählt, der Gedankengang aufgebaut. In diesem Zeitraum hat Heidegger die Einzelwissenschaften in bezug auf die geschichtliche, endliche Alltäglichkeit und die als Ursprungswissenschaft aufgefaßte Philosophie behandelt, deshalb wird der Dreieck Philosophie-Einzelwissenschaften-Alltäglichkeit als ein minimaler Auslegungsrahmen gebraucht, innerhalb dessen es die Wissenschaftsauffassung Heideggers zu rekonstruieren gilt.
In diesem Zeitraum lassen sich zwei Perioden, die frühen Freiburger Jahre und die Schaffenszeit von *Sein und Zeit* unterscheiden. Im ersten Kapitel werden die Gedanken der frühen Freiburger Jahre mit besonderem Rücksicht auf die Beziehung der Philosophie zum faktischen Leben dargestellt. In diesen Jahren besteht für Heidegger die entscheidende Frage darin, wie die Philosophie sich selbst finden und gegen das Leben selbstständig machen kann. Die Selbstkonstitution und Selbstaneignung der Philosophie betrachtet Heidegger als eine persönliche Aufgabe, und er versucht sie in einem leidenschaftlichen, vieldimensionalen Ringen zu erfüllen. Eine Hauptrichtung dieses Ringens stellt daher die Problematik der Auslegung des faktischen Lebens und die Frage der Beziehung zwischen der Philosophie und dem Leben dar. Die methodologischen Schwierigkeiten des Zugangs zum Leben stellen für Heidegger das Problem des 'Wie', die Aufgabe der Ausarbeitung der entsprechenden Zugangsweise in den Mittelpunkt. Die Forderung nach der methodologischen Strenge hat weiterhin den Anspruch und die Frage nach der *Wissenschaftlichkeit* der Philosophie aufgeworfen. Der Begriff der ursprünglichen Wissenschaftlichkeit ist daher *nicht* aus den Einzelwissenschaften, sondern gerade gegen die theoretische Einstellung der Wissenschaften auszuarbeiten. Diese Abhandlung soll dementsprechend im ersten Kapitel mit der Freilegung dieses komplexen Beziehungsystems beginnen.
Bei der Erörterung der Schaffensperiode von *Sein und Zeit* soll man weiterhin das Dreieck Philosophie-Einzelwissenschaften-Alltäglichkeit vor Augen halten. Im zweiten Kapitel wird untersucht, welche Folgen es für die diese Grundstruktur bestimmenden Verhältnisse hat, daß die Seinsfrage in den Vordergrund getreten ist. Zunächst soll die Seinsfrage selbst auf die Problematik des menschlichen Seinsverständnisses hin interpretiert werden. Da Heidegger den Menschen als Dasein, als solches Seiende versteht, dessen wesentliche Seinsbestimmung die Erschlossenheit ist, wird auch die auf das faktische Leben 'geschnittene', hermeneutisch-phänomenologische Zugangsweise wesentlich transformiert. Demnach wird auch der oben skizzierte Auslegungsrahmen umgewandelt: neben den

Einzelwissenschaften werden das in verstehender Weise existierende menschliche Dasein und die sich auf die Seinsfrage orientierende Phänomenologie die Pole des Auslegungsrahmens ausmachen.
Nach der Aufzeichnung des grundlegenden Bewegungsraumes werden im dritten Kapitel jene Strukturen der Alltäglichkeit analysiert, die für die Auslegung der als die Verlhaltensweise des menschlichen Daseins betrachteten Wissenschaft von bestimmender Bedeutung sind. Die Untersuchung fängt mit der Erörterung des Begriffes der Welt an, die Heidegger als Zugangsweise und Bedeutungszusammenhang, als Artikulation der Erschlossenheit des menschlichen Daseins interpretiert. Diesem Begriff müssen wir große Wichtigkeit beimessen, da die phänomenologische Erörterung der Entstehung der Wissenschaften aus der faktischen Lebens*welt* bzw. aus dem alltäglichen In-der-*Welt*-sein eine Hauptrichtung der die Wissenschaften betreffenden Heideggerschen Analysen darstellt.

2.1. Die verstehende Phänomenologie als die Ursprungswissenschaft des Lebens

Es ist somit unsere erste Aufgabe, die Schaffensperiode zu umreißen, in der Heidegger zum ersten Mal trachtete, eine selbständige philosophische Konzeption zu entwickeln. Diese Epoche fällt, wie schon erwähnt, etwa mit den ersten Freiburger Jahren zusammen. Charakteristisch ist es für die in dieser Periode entstandenen Schriften, daß Heidegger die Problematik der Philosophie selbst immer wieder durchzudenken versucht. Heidegger geht an die Arbeit mit ungewöhnlicher Phantasie und Leidenschaft heran, und diese 'wissenschaftliche Vehemenz' ergibt eine erstaunlich reiche Begrifflichkeit; Heidegger ringt mit den ihn beschäftigenden Fragen unentwegt, und in den einzelnen Ausführungen kommt es so oft vor, daß neue, ganz ursprüngliche Begriffe eingeleitet werden. Jetzt gilt es, die zentralen Themen und Bestrebungen zu finden, um diese wuchernde Vielfarbigkeit zu erfassen. So ein Auslegungsversuch darf nicht 'gewaltsam' sein, indem er die 'Materie' in reduktiver Weise in ein vorbestimmtes Schema hineindrängt, sondern soll bestrebt sein, die lebendige, ineinandergreifende und modifizierende Begriffsstruktur zu rekonstruieren, wobei der Reichtum und die Spannung des Fragens und Suchens möglichst wiedergegeben werden. Am Anfang der Analyse gilt es zunächst kurz zu umreißen, nach welchem Gesichtspunkt die Materie gegliedert und die Themen ausgearbeitet werden. Die Hauptbestrebungen Heideggers können meiner Meinung nach in dieser Epoche durch den Begriff der *Selbstaneignung* ermittelt werden. Demnach ist vorerst dieser Begriff kurz auszulegen. Es lassen sich mehrere mögliche Bedeutungen des Heideggerschen Begriffes 'Selbstaneignung' unterscheiden:

1. Es kann sich um die 'existentiale' Bedeutung dieses Begriffes handeln: in dieser Bedeutung bezieht sich die Aufgabe der Selbstaneignung darauf, daß die Philosophie dem alltäglich existierenden Menschen dazu verhelfen soll, sich selbst zu finden, sein Leben als eigenes zu leben. Diese Bestrebung beruht freilich auf der Voraussetzung, daß der Mensch im allgemeinen sich selbst vergessend, sich in der Welt verlierend existiert. Die Philosophie kann diese Aufgabe dann erfüllen, wenn sie sich darum bemüht, durch die erschließende Analyse des sogenannten faktischen Lebens, durch die minuziöse Untersuchung der Alltäglichkeit, durch die Darstellung der Trivialitäten der Trivialitäten für das faktische Leben sein eigenes Verfallen von Angesicht zu Angesicht aufzuweisen, und dadurch den Menschen in formaler anzeigender Weise – d.h. keine inhaltlichen Direktiven ausgebend – aus dem selbstausweichenden Herumirren auszuleiten und zu sich selbst zurückzuleiten zu versuchen. Im Zusammenhang mit dieser Aufgabe erheben sich sofort zwei Fragen: Das erste Problem bezieht sich auf die Zugangsweise, wie nämlich die Philosophie das faktische Leben selbst für das faktische Leben darstellen kann. Heidegger versucht durch die Verschmelzung der Husserlschen Phänomenologie und der hermeneutischen Tradition eine Zugangsweise zu entwickeln, mit deren Hilfe die ursprünglichen Bedeutungszusammenhänge des faktischen Lebens entfaltet werden können. Das andere Problem knüpft sich an das erste eng an: es geht um die Problematik der Ursprünglichkeit. Nach Heidegger läßt sich die grundlegende Struktur des faktischen Lebens in der Beziehung zwischen dem Ursprung und Entsprungenen erfassen. Die alltäglichen Ausdrücke, Verhaltensweisen des faktischen Lebens, die verschiedenen Ausgelegtheiten werden als das Entsprungene einer ursprünglicheren Ebene betrachtet, und von dieser ursprünglicheren Ebene her verstanden; selbst die Philosophie und die Wissenschaften werden als Ausdrücke des faktischen Lebens aufgefaßt, und sie sind demnach nach ihren Ursprüngen fragend zu erfassen.

2. Die Aufgabe der Selbstaneignung gilt auch der Philosophie selbst. Auch die Philosophie hat nach Heidegger sich selbst verloren, und man sollte ihr dazu verhelfen, zu sich selbst zurückzufinden. „Das urspünglichste und endgültigste Grundproblem der Phänomenologie ist *sie selbst* für sich selbst." (GA 58 S. 1, vgl. Fehér 1992 b S. 76) Heidegger ist nicht einfach bestrebt, die Phänomenologie Husserls zu übernehmen, sondern auch die

in ihr verborgenen Möglichkeiten zu aktivieren sowie die Husserlsche Intention 'zu den Sachen selbst' konsequenter und radikaler durchzuführen. Die inneren Möglichkeiten der Hermeneutik sollen dabei ebenfalls erschlossen und ausgebreitet werden, und diese Aufgabe wird in erster Linie durch die radikale Umformung und die spätere Ontologisierung des Verstehensbegriffs vollzogen. In beiden Fällen wird der gegebene Rahmen 'von innen' ausgeweitet,[15] die Philosophie ist also als Hermeneutik und als Phänomenologie zu erneuern, wobei der Motor für diese Erneuerung die entschlossene Selbstklärung sei. Auch die Aufarbeitung der Geschichte der Philosophie wird zu einer Teilaufgabe dieser Problematik, denn die Geschichte der Philosophie werden als lebendige Möglichkeit betrachtet, und die sich darauf beziehenden Auslegungstraditionen als die Verstellung und Verfestigung dieser Möglichkeiten angesehen. Die Erschließung und Freilegung des Ursprungs stellt auch im Fall der als Verdeckungsgeschichte verstandenen Philosophiegeschichte eine ausgezeichnete Aufgabe dar. Daher können drei verschiedene Bedeutungen der Philosophie als Ursprungswissenschaft unterschieden werden:

a. Die verstehende Phänomenologie des faktischen Lebens versucht hinter seine Ausdrücke und Manifestationen zu blicken, und dadurch diese von einer urspünglicheren Ebene her zu verstehen.
b. Selbst die Philosophie ist ein Ausdruck des faktischen Lebens, und so muß sie auch ihre eigenen Ursprünge im faktischen Leben suchen.
c. Der Ursprung der Philosophie ist gleichzeitig auch in der Tradition geborgen. Die Konfrontation mit den eigensten Sorgen und Voraussetzungen wirft daher auch die Frage der Anknüpfung an den geschichtlichen Ursprung auf, und zwar im Zusammenhang mit der in Punkt b formulierten Problematik, d. h. diese beiden Dimensionen, die im faktischen Leben, bzw. in der geschichtlichen Überlieferung verborgenen Ursprünge der Philosophie werden von Heidegger aufeinander bezogen behandelt.

3. Die dritte mögliche Bedeutung der Selbstaneignung hängt mit der Grundfrage dieser Abhandlung zusammen: ist es berechtigt, bei den Heideggerschen Texten die Problematik der Wissenschaften betreffend von Selbstaneignung zu sprechen? Beschäftigt sich Heidegger ernsthaft mit der Frage, ob es analog dem faktischen Leben und der Philosophie für die Wissenschaften die Möglichkeit gibt, durch die Wiederbesinnung und gar

[15] Dies bedeutet freilich nicht, daß Heidegger keine 'von außen' stammenden Argumente verwendet, sondern daß er die verborgenen Voraussetzungen und die inneren Erstrebungen dieser Philosophien zu erschließen versucht, und dann über sie von ihnen Rechenschaft fordert.

die Wiedererarbeitung der Beziehung zu sich selbst ihre ganze Tätigkeit zu erneuern?

Auf Grund des bisher Gesagten leuchtet es ein, daß sich die Hauptschwierigkeit bei der Erörterung der Grunderstrebungen des jungen Heidegger daraus ergibt, daß die verschiedenen Seiten der Problematik miteinander viel zu eng zusammenhängen. Wo auch die Analyse einsetzt, soll man sich auf Momente stützen, die noch nicht erörtert sind. Unsere Untersuchungen fangen mit der Frage der Selbstaneignung der Philosophie an, denn von dieser Problematik aus können die verschiedenen Dimensionen des Themenkreises zugänglich gemacht werden. Heidegger hat in den im Winter 1921/22 gehaltenen Vorlesungen (GA 61) nach der kurzen Erörterung der Rezeption der Aristotelischen Philosophie folgende Frage gestellt: „*Was ist Philosophie?*" Diese Frage gabelt sich in zwei verschiedene Richtungen: eine lautet: „*Was ist die Hauptsache?*", d.h. was ist das, was wir forschen, verstehen wollen; die andere, sich mit gleichem Gewicht meldende Frage ist von selbstreflexiver Natur: „Welches ist die *darauf genuin gerichtete Fragestellung?*" (GA 61 S. 12) Dementsprechend hat Heidegger auf den folgenden Seiten die Definition der Philosophie anzugeben versucht. Gegen die Unter- und die Überschätzung der Definitionsaufgabe hat Heidegger betont, daß man sich für die konkrete Arbeit entscheiden muß, und gleichzeitig doch prinzipiell zu klären hat, was die Philosophie eigentlich will. Der richtige Vollzug der Philosophie ist auch Selbsterfassung, demnach ist es wichtig, über das Wie des Habens und des Ansprechens des Gegenstandes nachzudenken. Heidegger zufolge kommt es bei der Möglichkeit des Verlierens oder Gewinnens der echten philosophischen Problematik auf dieses Selbsthaben und diese Selbsterfassung an. (a.a.O. S. 18) „In der Philosophie kein Kompromiß" – schreibt Heidegger zu derselben Zeit an einer anderen Stelle, „wenn der *Zugang* zu ihm (dem Anfang) in Verlust geraten ist", dann ist die „radikale Bemühung um Zugangsmöglichkeit" notwendig. (GA 61 S. 186) Zwei Jahre früher formuliert er folgenderweise: „Jede echte Philosophie ist [...] ein Ringen um die Methode, so zwar, daß jede nächstgelegene Methode [...] immer neu überwunden werden muß. [...] Man wird nicht Philosoph dadurch, daß man eine Methode lernt und *beherrscht*. Das Eigentümliche der philosophischen Methode ist es, daß sie nicht technisierbar ist. [...] Die *'Strenge'* der *Methode* hat nichts zu tun mit rationalistischer Exaktheit der Naturwissenschaft. 'Strenge' betrifft nicht logisches Beweisen und unwiderlegliches Argumentieren, restloses Aufgehen der Rechnung oder gar mathematische Klarheit der

[16] „Das eigentliche Fundament der Philosophie ist das radikale existenzielle Ergreifen und die *Zeitigung der Fraglichkeit*; [...] der so verstandene Skeptizismus ist Anfang, und er ist als echter Anfang auch das Ende der Philosophie." (GA 61 S. 35)

Begriffe; *'streng': 'angestrengt' – rein hingegeben den echten Lebenssituationen.*" (GA 58 S. 135 ff.) Man muß wieder und wieder die methodologischen Überlegungen wiederholen, es gibt keinen bestimmten Anfang des Philosophierens.[16] Die Philosophie kann nie eine verfestigte Struktur sein, „sondern echtes, ursprüngliches, lebendiges, sich ständig neu bis auf den Grund aufwühlendes, nie ruhendes Problembewußtsein." In dieses Problembewußtsein muß „die Forderung des absoluten Radikalismus des Fragens und der Kritik" eingeschlossen sein, und „am radikalsten hat sich aber der Radikalismus der Phänomenologie auszuwirken *gegen sich selbst.*" (GA 58 S. 5 f.)[17]

Diese Besinnungen charakterisieren markant die Heideggersche Tonart und Hauptbestrebung: eine zentrale Aufgabe der Philosophie ist es, das Wie der methodologischen Überlegungen und des Ergreifens der Dinge zu verstehen, ferner muß man um die Klärung dessen ringen, was man eigentlich macht. Diese Bestrebungen machen den bestimmenden Teil der Philosophie aus, und gerade dieses nicht ruhende Problembewußtsein stellt gegen die methodische Festigkeit der Fachwissenschaften gar das Ethos der Philosophie dar.

Diese Anforderung kann schon beim Anfang der Philosophie augenscheinlich zu einem Paradox führen, denn die Philosophie sollte selbst, schon bevor existiert, derart konzipiert sein, wenn sie noch nicht einmal existiert. Diese zirkelhafte Problematik sieht Heidegger klar, und die Handlungsweise dieser Schwierigkeit erinnert einen an die berühmten, sich mit dem Einwand der Zirkelhaftigkeit beschäftigenden Erörterungen von *Sein und Zeit.*[18] Da betont er, daß man diesen Schwierigkeiten nicht entrinnen darf, sondern die Zirkelhaftigkeit als notwendig, wesensgesetzlich betrachten muß. (vgl. GA 56/57 S. 16)

Was bedeutet das? Wir wollen die Rekonstruktion mit jenen Überlegungen beginnen, die Heidegger bezüglich des Problems des Anfangs formuliert hat. Demzufolge darf man nicht den Anfang als ein objektiviertes gegenständliches Was betrachten, das ein Punkt einer Linie in der objektivierten Zeit ist, denn die Bestimmung der Aufgabe würde schon von vornherein fehlschlagen. Das adäquate Verhältnis zu dem Problem des Anfangs ist es: „fangen wir faktisch an! Aber wie?" – fährt Heidegger fort. (GA 58 S. 4) Die Frage vom 'Wie' ist die der Methode. Woher können wir die entsprechende Methode nehmen? Erwächst sie „einer bestimmten Problematik einer Gegenstandsregion?" Die Sachlage ist gerade umgekehrt: die Probleme erwachsen „in der Weise der Fragestellung, bezogen auf das betreffende Gegenstandsgebiet." (a.a.O. S. 4 ff.) Wir haben aber immer noch keine Antwort auf das Paradox, die Ausarbeitung der entsprechenden

---

[17] Diese radikale Kritik ist aber „keine bloße Kritik um der Kritik willen", sondern „*prinzipielle Kritik*". (GA 56/57 S. 181)

[18] Vgl. SZ S. 7 ff., 152 f., 314 ff.

Methode steht immer noch vor uns. Aus diesen Besinnungen kann jedoch die Folgerung gezogen werden, daß der Anfang nicht als Ausgangspunkt, sondern als *Bewegung* zu betrachten ist.

Unsere Frage kann demzufolge folgender Weise umformuliert werden: *in welchen Dimensionen soll die sich selbst konstituierende Bewegung der Philosophie vollzogen werden?* Die Philosophie ist Ursprungswissenschaft, sie betrachtet also ihren Gegenstand „*als entspringend*, als aus einem Ursprung hervorgehend". (GA 58 S. 81) Diese Zugangsweise ermöglicht es, das zu untersuchende Phänomen in einem merkwürdigen Strukturzusammenhang zu entfalten. Durch die Frage nach dem Ursprung ist eine tiefere Dimension in Betracht zu ziehen, und dies ist für das Verstehen des fraglichen Phänomens von bestimmender Bedeutung. Die Auffassung der Philosophie als Ausdruck des faktischen Lebens ermöglicht es ihr, sich selbst tiefer zu verstehen und folglich mit der Selbstkonstitutionsbewegung zu starten. Die Phänomenologie „muß sich echt *manifestieren*, um sich selbst als Manifestation manifestierend zu verstehen." (GA 58 S. 2)

Es stehen bereits die wesentlichsten Momente vor uns, die den Bewegungsraum für die Selbstaneignung und Selbstkonstitution der Philosophie ausbreiten. Dadurch, daß die Philosophie sich selbst als Manifestation des faktischen Lebens betrachtet, ergibt sich für sie die Möglichkeit, für sich selbst *einen Weg freizulegen, der die Ausarbeitung der Philosophie und das Selbsterwecken des Lebens zugleich bedeutet. Die Aufgaben der Selbstaneignung der Philosophie und des Lebens greifen ineinander hinüber, die Aufzeigung der Tendenzen und Strukturen des faktischen Lebens dient so nicht nur der Selbstbeleuchtung des Lebens, sondern kann sie nach den Hoffnungen Heideggers auch der Philosophie dazu verhelfen, sich selbst neu zu definieren.* Durch die Entfaltung dieser Bewegung bietet sich auch auf die Frage der Zugangsweise eine Antwort. Die verstehende Phänomenologie als Zugangsweise entfaltet sich durch die Erschließung und Auslegung der Tiefenstrukturen des faktischen Lebens.

Diesen Prozeß, durch den *sich die Philosophie aus dem Leben gleichsam ausarbeitet*, nennt Heidegger die Urparadoxie des Lebens (GA 58 S. 2), oder, an einer anderen Stelle, das Münchhausenproblem des Geistes. (GA 56/57 S. 16) „Die in der Idee einer Urwissenschaft mitgegebene Zirkelhaftigkeit des sich selbst Voraussetzens, des sich selbst Begründens, des sich selbst am eigenen Schopf aus dem Sumpf (des natürlichen Lebens) Ziehens (das Münchhausenproblem des Geistes), ist keine erzwungene, geistreich erkünstelte Schwierigkeit, sondern bereits schon die Ausprägung eines Wesenscharakteristikums der Philosophie und Wesensartung ihrer Methode." (a.a.O.)

In der Entwicklung der zur Erfassung des faktischen Lebens geeigneten Zugangsweise spielt die von Husserl vertretene Phänomenologie eine gewichtige Rolle. Heidegger verhielt sich der Husserlschen Phänomenologie gegenüber im betroffenen Zeitraum schon souverän, und jetzt soll diese Heideggersche Phänomenologie kurz erörtert werden, die durch die nach dem ersten Weltkrieg vollgezogene, sogenannte hermeneutische Kehre[19] im Vergleich zu den Husserlschen Bestrebungen erheblich umgeformt wurde.

„Phänomenologie ist also ein ausgezeichnetes *Wie der Forschung*. Die Gegenstände kommen so zur Bestimmung, wie sie sich selbst geben."(GA 63 S. 74) Anderswo schrieb er: „Die Grundhaltung der phänomenologischen Forschung ist bestimmt durch ein Prinzip, das zunächst selbstverständlich erscheint: *Zu den Sachen*" (WDF S.159) Diese Selbstverständlichkeit ist jedoch nur eine scheinbare. Das Vordringen zu den Sachen bedarf einer harten philosophischen Arbeit. „Forschung und Leben haben die eigentümliche Tendenz, das Schlichte, Ursprüngliche, Echte zu überspringen und sich im Komplizierten, Abgeleiteten, Unechten aufzuhalten." (ebenda) Man soll sich mit der philosophischen Tradition, die in der Form fertiger Konstruktionen, Begriffschemata überliefert ist, auseinandersetzen, denn ihre größte Kraft besteht gerade in ihrer Selbstverständlichkeit, scheinbaren Harmlosigkeit. Es wird in ähnlicher Weise problematisch gefunden, wie die Auslegungen durch die alltägliche Einstellung geliefert werden. In beiden Fällen versetzt man sich ja unmerklich in die traditionell gegebene Zugangsweise hinein, und so entscheidet man über das Wichtigste, über die alles Weitere entscheidenden Voraussetzungen, ohne dabei eine echte Entscheidung zu treffen.

Heidegger behandelt daher jeden traditionell gegebenen Begriff, jedes Auslegungsschema sehr vorsichtig. „Alles Fragen in der Phänomenologie nicht konstruktiv, begrifflich deduktiv und dialektisch, sondern aus dem Was, dem Quale der Phänomene entspringend und auf es zielend; keine freischwebenden, unfundierten *Begriffsfragen!*" (GA 56/57 S. 126) „Weil die Phänomenologie allein sich selbst und durch sich selbst sich bewähren kann, ist jede Standpunktnahme eine Sünde wider ihren eigensten Geist. Und die *Todsünde* wäre die Meinung, *sie selbst sei ein Standpunkt.* (a.a.O. S. 110) Die Standpunktsphilosophie erscheint für Heidegger so antipathisch, weil ihre Vertreter sich selbst in eine versteifte, unkritisch übernommene Position betonieren, von der heraus sie Urteile treffen, ohne dabei die eigenen Voraussetzungen aufs Spiel zu setzen.

Die phänomenologische Zugangsweise Heideggers ist daher auf der einen Seite durch die Ablehnung jeder konstruktiven, weltanschaulichen Bestrebung geprägt, auf der anderen Seite durch "ein Offen-Lassen der Perspektive und des ständig Neu-Ansetzens„ charakterisiert (GA 58 S. 25) und eine Verhaltungsweise ist ihr eigen, die als Aufgabe betrachtet, den Ursprung zu erfassen. Es gibt keine

---

[19] Dies ist ein Ausdruck von Fehér M. István (Fehér 1992 b S. 69)

Spezialprobleme, sagt Heidegger, sondern muß man mit konkreten Problemen ringen. „Die Fugen und Fügungstendenzen, Schichten und Horizonte – diese Reden deuten auf einen ganz bestimmten Aspekt." (a.a.O. S. 26) Man darf nicht den Umstand aus den Augen verlieren, daß Heidegger diese Zugangsweise bezüglich des faktischen Lebens und der ihm entwachsenen Traditionen erarbeitet hat. Die Phänomenologie wird von Heidegger als eine Ursprungswissenschaft aufgefaßt; der Ursprung ist nicht etwa ein ableitbares Axiom oder mystischer Gehalt, sondern etwas ganz anderes: „etwas, dem wir in immer strenger werdender Betrachtung [...] nahezukommen suchen und zwar auf verschiedenen Zugängen [...] in einer wissenschaftlichen, urwissenschaftlichen Methode *und nur in ihr.* [...] Der Ursprung und das Ursprungsgebiet haben eine ganz ursprüngliche Weise des erlebenden Erfassens zum Korrelat."(GA 58 S. 26) Demnach sind zwei Punkte hervorzuheben:

1. Heidegger ist nicht bestrebt, einen ewigen und ursprünglichen Bereich abzugrenzen, nach dem der Philosoph wie gleichsam nach dem Kanaan suchen würde; es geht für ihn vielmehr darum, daß *die Fragestellung nach dem Ursprung einen strukturellen Sinn hat, d.h. die phänomenologische, urwissenschaftliche Methode den tieferen Schichten durch das Entsprungene, das Abgeleitete, das Nicht-Ursprüngliche nahekommen will und dadurch die Phänomene im Strukturzusammenhang des Ursprünglichen – Abgeleiteten aufweist.*

2. *Das Erleben, die Erfahrung dient der Bewegung zum Ursprünglichen als Kompaß. In diesem Punkte zeigt es sich ebenfalls, daß die selbstaneignende Bewegung des Lebens und die der Philosophie miteinander eng zusammenhängende Momente darstellen.*

Die phänomenologische Ursprungsanalyse stößt demnach nicht unmittelbar auf die ursprünglichen Phänomene, sondern auf die konkreten Manifestationen des faktischen Lebens. „Die Problemsphäre der Phänomenologie ist also nicht unmittelbar schlicht vorgegeben; sie muß vermittelt werden." (GA 58 S.27) Die phänomenologische Arbeit besteht gerade im minuziösen archäologischen Erschließen, Ausfalten, wobei jene Schichten, die sich auf den ursprünglichen Strukturen abgelagert haben, und sie oft auch verstellen, abgebaut werden, und samt ihrem Ursprung aufgezeigt werden sollen. *Es handelt sich hier nicht nur um den Abbau der oberflächlichen Schichten, sondern auch darum, sie in ihrem Ursprung sehen zu lassen.*

Die Heideggersche Phänomenologie ist nicht danach bestrebt, „das faktische Leben in der Totalität seiner Gehalte erfahrungsmäßig verfügbar zu machen" (GA

58 S. 82), und sie richtet sich nicht einmal nach der Unendlichkeit der Sachverhalte, wie die Einzelwissenschaften. Dementspechend ist die Phänomenologie nach Heidegger „keine bloße verbessernde oder summierende und sammelnd verallgemeinerde Gesamtwissenschaft." (a.a.O. S. 81 f.) Die Phänomenologie zieht nicht die sogenannten Wasgehalte der Sachgebiete in Betracht, sondern die Wiegehalte des faktischen Lebens. „Es kommt ihr nicht auf ein System von Sachverhaltszusammenhängen an, kein Netz von allgemeinsten Begriffen, die über alles gespannt werden können, will sie flechten. Sondern sucht nach der Gegebenheit konkreter Situationen des Lebens. [...] Die *Strenge* der philosophischen Wissenschaft ist nicht dieselbe wie die der mathematischen Naturwissenschaft, sie ist nicht die Strenge einer zwingenden Argumentation. [...] Strenge des philosophischen Ausdrucks besagt Konzentriertheit auf die Echtheit der Lebensbezüge im konkreten Leben selbst." (GA 58 S. 231)

Die Phänomenologie erfordert auch eine gewisse Schulung, meint Heidegger. Diese Schulung soll keine Hexerei oder keinen Trick, sondern eine wissenschaftliche Methode bedeuten, die natürlich auch eine gewisse Anlage verlangt, die sich im Laufe der Zeit, im Umgang mit den Sachen entwickelt. (WDF S.160) Vielleicht spricht man am besten über die Schulung des Blickes, der Sichtweise, über „produktives Sehen" (GA 58 S. 255). Das phänomenologische Programm des jungen Heidegger wird von Friedrich Hogemann folgenderweise umrissen: „An der ersten Stelle steht es unter dem Grungebot des Sehens; jeder Schritt, den es tut, muß durch Anschauung ausgewiesen werden." (Hogemann 1986/87 S. 63) Heideggers eigene Formulierung: Das positive Ziel der phänomenologischen Kritik ist „das Sehen und Zum-Sehen-Bringen der echten, wahrhaften Ursprünge des geistigen Lebens überhaupt" (GA 56/57 S. 127) Anderswo schreibt Heidegger: „*Phänomenologie* ist also ein *Wie der Forschung,* das sich die Gegenstände anschaulich vergegenwärtigt, und sie nur, soweit sie anschaulich da sind, bespricht." (GA 63 S. 72)

Heidegger illustriert dies unter anderen mit dem Beispiel des Grüßens. Die phänomenologische Zugangsweise soll den ursprünglichen Sinneszusammenhang, in dem sich dieses einfache Handeln bewegt, bewahren. Es wird hier also das Grüßen *nicht* als die Bewegung eines objektiven Körpers im objektiven Raum aufgefaßt, sondern das Verstehen richtet sich auf die konkrete Situation, die unter anderen durch folgende Fragen gekennzeichnet wird: Hat der Herr gegrüßt oder nicht? Oder fragen wir einem Bekannten scherzhaft nach: Existiert der eigentlich noch? Den ursprünglichen Sinneszusammenhang muß man also immer als Ausgangspunkt nehmen. Wollte man dieses Phänomen, diese Situation mit Hilfe einer vorgegebenen Schematik interpretieren, würde man es unvermeidlich verfehlen. (GA 58 S. 105 ff.) Die phänomenologische Begrifflichkeit soll sich den gegliederten Bedeutsamkeitszusammenhängen des faktischen Lebens gleichsam anschmiegen, d.h. wir müssen das faktische Leben so verstehen, wie es sich selbst versteht. Diese Methode soll mit dem Leben mitgehen (GA 58 23., S.123 ff.), alles, was es tut (vgl. Kisiel 1986/87 S. 104, Hogemann 1986/87 S. 61), mit ihm mitmachen (GA 58 S. 162). Dieses Mitlaufen, Anschmiegen darf jedoch kein Aufgehen bedeuten (GA 58 S.162); der Phänomenologe ist da, er ist anwesend, aber nur als Zuschauer, und er will die Ereignisse als Ausdrücke, als Manifestationen der ursprünglichen, dem Leben inhärenten Stukturen verstehen. „Im phänomenologischen Verstehen hat sich das Leben selbst im sinngenetischen Ausdruck seines Ursprungs". (GA 58 S. 185) Es sind hier somit das Anschauen, das Verstehen der Situationen, Tendenzen und Motive gemeint, die sich hinter den Ausdrücken und Manifestationen des Lebens verstecken. Die inneren Sinneszusammenhänge, Horizonte sind als die Ursprünge der jeweiligen Manifestation des Lebens auszugelegen. Die Motivation dieser Art phänomenologischen Verstehens, Mitgehenkönnens kann die Vertrautheit, die Liebe sein. (GA 58 S. 185, vgl. ebd. S. 168) Die Ausdrücke von Verstehen, Bedeutung, Bedeutungszusammenhang deuten schon auf die hermeneutische Transformation der Phänomenologie hin. Im Rahmen dieser Transformation *werden beide Traditionen radikal durchdacht, und dieses Durchdenken wird zum Teil gerade durch ihre Verschmelzung vollzogen.* Wenn der Phänomenologe die Schichten abbaut und erschließt, wenn er sich zur Kleinarbeit entschließt, und er die Horizonte mit dem Handwerks-Ethos[20] trennt, *dann ergeben sich nach Heidegger die erschlossenen Phänomene als verstandene Phänomene, die letzten Gegebenheiten als Bedeutungen, und,* zumindest beim jungen Heidegger, *das letzte Ziel der Arbeit besteht im Selbstverstehen des faktischen Lebens in seiner Geschichtlichkeit und Einzelheit.*

Der entscheidende Punkt in der Umdeutung der hermeneutischen Tradition ist es, daß es hier nicht mehr um die Methodik der Geisteswissenschaften, sondern um die Selbstauslegung des faktischen Lebens geht. Diese Selbstbeleuchtung wird dadurch möglich, daß *das menschliche Leben selbst in verstehender Weise existiert*: es schafft Bedeutungszusammenhänge und bewegt sich in diesen. Diese Art der Hermeneutik beruht darauf, daß das faktische Leben sich selbst versteht; „Ausdruck, Erscheinung, Bekundung gehören ihm zu. Der 'Sinn' ist nicht eine eigene Welt, die als statisch in sich ruhende gefaßt werden müßte; der Sinn ist vielmehr das Ureigene des faktischen Lebens". (Pöggeler 1963 S. 27.) Die Hermeneutik knüpft an die inneren Tendenzen, Möglichkeiten des Lebens an, sie radikalisiert das Selbst- und Weltverstehen des Daseins: „Hermeneutik ist ein Wesenskonstituens der Faktizität selbst, von Heidegger in einem ersten Anlauf als 'Wachsein des Daseins für sich selbst' bestimmt." (Jamme 1986/87 S. 81)

---

[20] Gadamer spricht allerdings bezüglich Husserl und Scheler über das Ethos der phänomenologischen Arbeit. (Gadamer 1987 S. 109 vgl. noch S. 108)

Die in dieser Weise umgeformte Hermeneutik hilft Heidegger die Münchhausen-Paradoxie der Philosophie, d.h. die Schwierigkeit des Anfangs und seine paradoxe Zirkelhaftigkeit zu behandeln und die zirkelhaften Strukturen der hermeneutischen Situation gründlicher entfalten zu können. „Der Sachgehalt jeder Interpretation, das ist der thematische Gegenstand im Wie seines Ausgelegtseins, vermag nur dann angemessen für sich selbst zu sprechen, wenn die jeweilige hermeneutische Situation, auf die jede Interpretation relativ ist, als genügend deutlich ausgezeichnet verfügbar gemacht wird. Jede Auslegung hat je nach Sachfeld und Erkenntnisanspruch 1. ihren mehr oder minder ausdrücklich zugeeigneten und verfestigten Blickstand, 2. eine hieraus motivierte Blickrichtung, [...] 3. eine mit Blickstand und Blickrichtung ausgegrenzte Sichtweite, innerhalb deren der jeweilige Objektivitätsanspruch sich bewegt." (PIA S. 237) Im Fall einer konkreten Interpretation soll die Selbstauslegung nach dieser Gliederung vor sich gehen. Die früher erwähnte Heideggersche Forderung der Klärung der Zugangsweise wird jetzt als die Durchleuchtung der hermeneutischen Situation konzipiert. „Das Erste ist also die Aneignung der Verstehenssituation; die volle, konkrete Aneignung selbst eine Aufgabe, die vielleicht die Kraft der heutigen Generation aufbraucht." (GA 61 S. 41)

2.2. Die Seinsfrage und die Phänomenologie

Die Problematik des Seins, wie das auch seine Erinnerungen bezeugen (SD S. 81 f.), hat Heidegger seit seinen ersten Schritten in der Philosophie intensiv beschäftigt. Die in den frühen Schriften noch latente, und allmählich in den Vordergrund drängende[21] Seinsfrage wird für Heidegger in *Sein und Zeit*, bzw. in den in der zweiten Hälfte der zwanziger Jahre gehaltenen Vorlesungen zu der Zentralfrage der Philosophie. „*Das Sein ist das echte und einzige Thema der Philosophie.*" – formuliert Heidegger im Jahr der Erscheinung von *Sein und Zeit*. (GA 24 S. 15) Warum wird der Seinsfrage eine so besondere Bedeutung von Heidegger beigemessen? Wie verbindet sich das durch die Seinsfrage bestimmte Programm mit der verstehenden Phänomenologie der frühen Freiburger Jahre? Welche Änderungen sind wegen der Vordringlichkeit der Seinsfrage im Vergleich zur ersten

---

[21] Einige charakteristische Textstellen aus diesem Zeitraum: GA 56/57 S. 62-70, GA 9 S. 31, GA 61 S. 58-61; Mit Kisiels Worten: „Die ontologische Tendenz verstärkt sich in der Vorlesung vom SS 1923 über *Ontologie (Hermeneutik der Faktizität)*. Der terminus technicus 'Dasein' mit der Betonung auf dem faktischen 'Da' tendiert hier, an die Stelle des Begriffs 'faktisches Leben' zu treten." (Kisiel 1986/87 S. 115, vgl. noch Fehér 1992 b S. 70 f.)

Freiburger Periode eingetreten? Durch die Wiederholung der Frage nach dem Sinn von Sein will Heidegger mit der herrschenden Einstellung, mit der philosophischen Tradition brechen, in der das Sein als der selbstverständliche, allgemeinste und undefinierbare Begriff angesehen wird, es demnach außer acht gelassen, „das Versäumnis der Frage" nach ihm sogar „sanktioniert" wird. (vgl. SZ § 1., GA 24 S. 18 f.) Heidegger argumentiert für die Wiederholung der Seinsfrage dahin gehend, daß sich die Philosophie, ja nicht nur die Philosophie, sondern auch die Einzelwissenschaften und selbst das durchschnittliche Leben *immer* in einem Seinsverständnis bewegen. Das Seinsverständnis ist die Voraussetzung für jede menschliche Verhaltungsweise, Tätigkeit und Handlung; es schließt desssen Verstehen ein, was es bedeutet, es 'ist'. Jedes menschliche Verhalten enthält eine implizite Antwort auf die unausgesprochene Frage: Welchen Typs ist das Ding, mit dem wir zu tun haben, und auf welche Weise existieren wir selbst? *Wird die Seinsfrage nicht gestellt, wird von vornherein darauf verzichtet, die Philosophie, die Wissenschaften, das alltägliche Leben in ihrer ganzen Tiefe zu verstehen.* Gegen die philosophische Tradition wird von Heidegger eingewendet, daß sie sich selbst durch den Verzicht auf die Seinsfrage der grundlegenden Dimension des Selbstverständnisses beraubt, und sich selbst in eine Auslegungsperspektive stellt, die eine vorherige Entscheidung über die Fragen enthält, mit denen die Philosophie eigentlich ringen müßte.

Die konklusive Kraft dieser Argumentation läßt sich erst dann bestimmen, wenn die Heideggersche Bedeutung des menschlichen Seinsverständnisses geklärt wird. Dieser Begriff zielt auf die ausgezeichnete Beziehung zwischen dem Sein und dem Menschen ab. Der Mensch existiert auf solche Weise, daß er seine Umgebung erschließt, die Dinge, die anderen Menschen, sich selbst, die 'Welt' schon immer irgendwie versteht. Er versteht all diese nach ihren Seinsmodi; das Beziehungsganze, in dem er existiert, konstituiert sich im Seinsverständnis. Der Terminus des Daseins, den Heidegger für den Menschen eingeführt hat, verweist auf die *Erschlossenheit*, die die notwendige Voraussetzung dafür gibt, daß uns das Seiende überhaupt *berühren kann*. Das 'Da' deutet die wesentliche Erschlossenheit des menschlichen Existierens an, 'Da'-sein bedeutet, mit unsererer Umgebung und uns selbst in Beziehung zu sein, durch die Menge der Offenheiten und Angänglichkeiten zu existieren.

Das Seinsverständnis steht in sehr enger Beziehung zur Erschlossenheit des menschlichen Daseins. (vgl. Bast 1986 S. 103) Diese Offenheit bedeutet eigentlich eine *Raumöffnung*[22] für das Seiende, wie auch für uns selbst; die Dinge können in den erschlossenen Dimensionen gleichsam 'ihre Rollen spielen', und

[22] Der Begriff 'Raum' wird hier freilich nicht als der Raum der Geometrie, sondern als Bedeutungsraum, als der Spielraum für die Erfahrung der Dinge verstanden.

auf diese Weise können wir zu den Dingen in Verbindung treten. Das Seinsverständnis gewährt daher auch den Zugang zu den Dingen; der Weg zu dem Seienden führt durch das Sein, das Seiende kann uns nur darum rühren, wir können dem Seienden nur darum begegnen, weil das Seinsverständnis, das *„selbst eine Seinsbestimmtheit des Daseins*" ist (SZ S. 12), durch die Erschließung des Seins des Seienden einen Spielraum eröffnet, innerhalb dessen die Erfahrung sich vollzieht.[23] Das menschliche Da-sein, das Heidegger nach eine ausgezeichnete Stätte ist,[24] bedeutet nicht nur das Da des Seins des Menschen, sondern ist es die Stätte der Eröffnung des Seins als solches.[25] Der Terminus des Daseins, wie von Herrmann betont, beziehe sich nicht nur auf das Sein des Daseins, sondern auch auf *„das Sein als solches* des Seienden im Ganzen." (Herrmann 1985 S. 20.) Die Hauptaufgabe von *Sein und Zeit*, die Wiederaufstellung und Beantwortung der Frage nach dem Sinn von Sein ist durch die Analytik des menschlichen Daseins zu vollziehen, denn die Erschlossenheit des menschlichen Daseins auf das Sein erweist sich als ein geeignetes Medium dafür, die Seinsfrage zu entfalten. Es könnte auch so formuliert werden, daß das menschliche Dasein als ein Fenster zum Sein dient,[26] und die Aufgabe der existentialen Analytik ist es, *dieses Fenster zu öffnen*: die Frage nach dem Sinn von Sein vom vagen Seinsverständnis der durchschnittlichen Alltäglichkeit her mit Hilfe der hermeneutischen Phänomenologie zu stellen und zu entfalten.[27] Der Ausdruck 'Dasein' verweist demnach auf eine vielschichtige, strukturierte Offenheit, die gleichermaßen die Möglichkeitsbedingung der alltäglichsten Tätigkeiten ausmacht, wie sie auch den ausgezeichneten metaphysischen Status des Menschen begründet.[28]

Weiterhin kommt diesem Terminus auch eine wichtige negative Funktion zu: Heidegger bemüht sich darum, die überlieferte Begrifflichkeit loszuwerden; diese Aufgabe versucht er durch das Fernhalten der klassischen, traditionellen Grundwörter, und parallel dazu durch die Herstellung neuer Ausdrücke zu vollziehen.

---

[23] Thomä steht ziemlich skeptisch gegenüber, ob es Heidegger gelingt, den Übergang vom Sein des Daseins zum Sein der anderen Seienden zu begründen. (Thomä 1990 S. 253. ff., 446 f.)

[24] „Das Wesen des Menschen ist innerhalb der Seinsfrage gemäß der verborgenen Anweisung des Anfangs als *die Stätte* zu begreifen und zu begründen, die sich das Sein zur Eröffnung ernötigt." – schreibt Heidegger im Jahre 1935. (EM S. 156)

[25] Einige Textstelle zwar von „Sein als solches" und „Sein überhaupt" in *Sein und Zeit*: S. 27, 37, 146, 333, 436.

[26] Heidegger selbst hat 1935 das Dasein mit einer Bresche für die Eröffnung des Seins verglichen. (EM S. 125)

[27] „Die Seinsfrage ist dann aber nichts anderes als die Radikalisierung einer zum Dasein selbst gehörigen wesenhaften Seinstendenz, des vorontologischen Seinsverständnisses." (SZ S. 15)

[28] Gadamer betont auch: „Wenn Dasein In-der-Welt ist, so sollte damit nicht das menschliche Dasein anthropologisch definiert werden, sondern es handelte sich, wie sich bald ('Kant und das Problem der Metaphysik' § 41) zeigte, um das ganz andere Anliegen, das 'Dasein im Menschen' ontologisch zu bestimmen." (Gadamer 1987 S. 121)

Durch die Einführung des Begriffes 'Dasein' wird auch die Beseitigung von Ausdrücken, wie Geist, Ich, Subjektum, usw. erstrebt. (vgl. Fehér 1992 a S. 85 f.) Diesbezüglich schrieb von Herrmann das folgende: „Heideggers philosophischer *Ansatz beim Dasein* ist *keine Neubestimmung der Subjektivität,* sondern *ihre Verabschiedung.*" (Herrmann 1985 S. 10)
Die Bedeutung der Neustellung der Seinsfrage läßt sich des Weiteren darin erfassen, daß das menschliche Denken, sei es alltägliche, das fachwissenschaftliche oder das philosophische, Heidegger zufolge dazu geneigt ist, das dingliche Sein zu verabsolutieren. Dieser Tendenz wird die Mannigfaltigkeit des Seins gegenübergestellt, und Heidegger versucht diese Mannigfaltigkeit zu erfassen und zu bewahren, eine Begrifflichkeit, eine Zugangsart auszuarbeiten, die die verschiedenen Seinsmodi sehen zu lassen vermag.
Das Staunen über die Mannigfaltigkeit des Seins zeigt sich schon charakteristisch in den frühen Vorlesungen an: „Es gibt Zahlen, es gibt Dreiecke, es gibt Bilder von Rembrandt, es gibt U-Boote; ich sage: *Es gibt* heute noch Regen, es gibt morgen Kalbsbraten. Mannigfache 'es gibt' und jeweils hat es einen anderen Sinn und doch auch jedes wieder ein in jedem antreffbares identisches Bedeutungsmoment." (GA 56/57 S. 67) Bei dieser Mannigfaltigkeit begegnet Heidegger einem doppelten Problem: die „*Mannigfaltigkeit von Weisen des Seins*" ist so zu erfassen, daß sie dabei „einer *ursprünglichen Idee von Sein überhaupt*" untergeordnet wird. (GA 24 S. 219)[29] Das Problem des Seins stellt für Heidegger gleichzeitig das Problem des Seinsverständnisses dar, demzufolge muß die Frage nach dem Sein auch die Möglichkeiten der Zugangsart, d.h. die Erschlossenheit des Daseins und seine Mannigfaltigkeit einbeziehen.
Bezüglich des Programs von *Sein und Zeit* läßt sich also feststellen, daß die Frage nach dem Sinn von Sein mit der Daseinsanalytik, d.h. mit der Enthüllung und hermeneutischen, phänomenologischen Erörterung der Strukturen des Daseins verknüpft ist. *Die Hauptaufgabe der frühen Jahre, die Selbstaneignung des faktischen Lebens mit Hilfe der phänomenologischen Hermeneutik, wird in der zweiten Hälfte der 20-er Jahre zur Teilaufgabe eines größeren Unternehmens: das Sein soll sich selbst durch das Selbstverstehen des menschlichen Daseins eröffnen.*
Es handelt sich freilich keineswegs darum, daß das Programm der frühen Freiburger Vorlesungen – wenn von so einem Programm überhaupt die Rede sein kann – in einen größeren Zusammenhang unverändert eingebaut worden wäre, es geht vielmehr darum, daß wesentliche inhaltliche und methodologische Elemente und

[29] In dem ursprünglichen Text wird dies negativ ausgesprochen: der Unterschied zwischen res cogitans und res extensa sei zwar seit Descartes zum Leitfaden der philosophischen Problematik geworden, aber es bedeutete nicht, daß man die Verschiedenheit und Einheit des Seins überhaupt zu erfassen versucht hätte.

Tendenzen in der Epoche von *Sein und Zeit* weiterleben, während *das Ganze* einen ontologischen Charakter trägt. Die Aufgabe des Selbstverstehens und der Selbstaneignung bleibt in *Sein und Zeit* weiterhin erhalten, die sich vertiefenden Zirkel der Selbstaneignung und des Selbstverstehens sollen gleichzeitig – Heideggers ursprünglichem Entwurf nach – die Seinsstruktur des Daseins enthüllend die Beantwortung der Seinsfrage näherbringen. Im Konzept von *Sein und Zeit* weist das Selbstverstehen des menschlichen Daseins über sich selbst hinaus: „die Transzendenz des Seins des Daseins ist eine ausgezeichnete, sofern in ihr die Möglichkeit und Notwendigkeit der radikalsten *Individuation* liegt. Jede Erschließung von Sein als des transcendens ist *transzendentale* Erkenntnis. *Phänomenologische Wahrheit (Erschlossenheit von Sein) ist veritas transcendentalis.* (SZ S. 38)[30]

Heidegger betrachtet die Phänomenologie in einem sehr engen Zusammenhangg mit der Seinsfrage. Als eines der wichtigsten Ergebnisse der Husserlkritik 1925 hat sich folgendes gezeigt: „in der Herausarbeitung der Intentionalität [...] *bleibt die Frage nach dem Sein des Intentionalen unerörtert*„ (GA 20 S. 157) und die „*Frage nach dem Sinn von Sein selbst*" wird versäumt. (a.a.O. S. 159), aber nach Heidegger ist „die *Seinsfrage keine beliebige, nur mögliche Frage, sondern die dringlichste Frage* gerade im eigensten Sinne der Phänomenologie sebst". (a.a.O. S. 158, vgl. Gethmann 1993 S. 21 ff., 173 f., Bast 1986 S. 88) Die Beziehung zwischen der Phänomenologie und der Seinsfrage werden wir auf Grund der Vorlesungen SS 1927 kurz erläutern. Sie wird auf die drei grundlegende Momente der phänomenologischen Methode hin von Heidegger analysiert. Die nach diesen drei Momenten gebildeten drei Grundbegriffe sind die phänomenologische Reduktion, die phänomenologische Konstruktion und die phänomenologische Destruktion.

Gleich am Anfang der Erörterung der phänomenologischen Reduktion stellt Heidegger klar, daß er an die Husserlschen Bedeutung des Wortes nicht anknüpft. Der Ausdruck bedeutet bei Heidegger „die Rückführung des phänomenologischen Blickes von der wie immer bestimmten Erfassung des Seienden auf das Verstehen des Seins [...] dieses Seienden." (GA 24 S. 29) Dieser Gedanke läßt sich in folgender Weise interpretieren: das Seinsverständnis wurde früher als Raumöffnung

[30] Nach der bemerkenswertenen Interpretation von Herrmanns bedeutet die 'Individuation' hier Vereinzelung, welcher Terminus mit der Eigentlichkeit in einer sehr engen Verbindung steht. (Herrmann 1987 S. 379) Wie wir später sehen werden, bekundet sich in den Untersuchungen der Phänomene der Angst, des Todes und des Gewissens, daß das Dasein in der Vereinzelung aus den öffentlichen Ausgelegtheiten des Mans gleichsam ausgestoßen wird, und durch diesen Prozeß zu sich selbst, zu seinen eigentlichen Seinsmöglichkeiten zurückfinden kann. (vgl. SZ S. 187 f., 263, 265 f., 276 f.) Die so erschlossene Erfahrung wird zugleich 'Rohstoff' für die das Sein des Daseins und das Sein überhaupt enthüllende phänomenologische Arbeit. In dieser Weise sind der Weg der Selbstaneignung und der der Ausarbeitung der Seinsfrage im Gefüge von Sein und Zeit miteinander aufs engste verknüpft.

erfaßt, d.h. eine Erschlossenheit eines solchen Spielraums, innerhalb welcher die Erfahrung des Dinges geschehen kann. Demnach stellt das Sein jene Dimension dar, deren Verstehen das Seiende beleuchtet, und durch die das Seiende für uns *als etwas*, z.B. als ein Zeug erscheinen kann. Im Fall des alltäglichen, vagen Seinsverständnisses richtet sich der Blick auf das Seiende, und dies bedeutet, daß das verstandene Sein zugleich im Hintergrund bleibt; man könnte es auch so formulieren, daß das Sein zwar das Beleuchtende, aber freilich nicht das Beleuchtete ist, und daher ist dieses Seinsverständnis vage. Die erste Hälfte des untersuchten Satzes 'von der wie immer bestimmten Erfassung des Seienden' bezieht sich (auch) auf diesen Fall. Die *Zurück*führung des Blickes besagt, daß der Brennpunkt vom Beleuchteten auf das Beleuchtende, d.h. auf das verstandene Sein umgestellt wird. 'Zurück', denn das Beleuchtende ist die Voraussetzung für die Erfahrung des Seienden, im logischen Sinne ist es also vor ihr, der Blick soll zu ihm zurückgeführt werden.[31]

Als die angemessene Zugangsart zum Sein erweist sich demnach die Phänomenologie, deren Aufgabe nach der Definition von *Sein und Zeit* folgendes ist: „das was sich zeigt, so wie es sich von ihm selbst her zeigt, von ihm selbst her sehen lassen" (SZ S. 34), inwiefern sie also das Sein des Seienden als das Sichzeigende sehen läßt und den phänomenologischen Blick auf das Sein als das Beleuchtende richtet. *„Ontologie ist nur als Phänomenologie möglich."* – formuliert Heidegger knapp. (a.a.O. S. 35)

In der untersuchten Epoche wird Heidegger also das Sein nicht nur als das Beleuchtende, sondern auch als den Grund erfassen. Bezüglich der Problematik der Begründung der Wissenschaften wird im dritten Paragraph von *Sein und Zeit* eine dreischichtige Struktur geschildert. Zur 'obersten' Schicht gehören die Fachwissenschaften, die die verschiedenen Seinsgebiete thematisch untersuchen, zur mittleren Schicht gehören die diese Gebiete erschließenden Ontologien[32], und zur untersten Schicht gehört die die Seinsfrage zu beantworten trachtende Fundamentalontologie. (vgl. SZ S. 11) Dieses Beziehungssystem wird später eingehend

[31] Ein Gedankengang des späten Heidegger, erschienen in der Einleitung der Ausgabe von Was ist Metaphysik 1949, scheint diese Interpretation zu bestätigen. Obwohl es hier um die Metaphysik geht, kann er wegen der Verwendung der Lichtsmetaphorik und der strukturellen Parallelen in dieser Hinsicht doch auch für unser Problem beleuchtend sein: Die Metaphysik „denkt das Seiende als das Seiende. Überall, wo gefragt wird, was das Seiende sei, steht Seiendes als solches in der Sicht. Das metaphysische Vorstellen verdankt diese Sicht dem Licht des Seins. Das Licht, d.h. dasjenige, was solches Denken als Licht erfährt, kommt selbst nicht mehr in die Sicht dieses Denkens; denn es stellt das Seiende stets und nur in der Hinsicht auf des Seiende vor. [...] Weil die Metaphysik das Seiende als das Seiende befragt, bleibt sie beim Seienden und kehrt sich nicht an das Sein als Sein." (WGM S. 195 f.) Die Lichtsmetaphorik ist der Gesinnung von Sein und Zeit nicht fremd, vgl. z.B. folgende Textstellen: SZ S. 133, 146 f., 170, 350 ff.1 „In der Hermeneutik bildet sich für das Dasein eine Möglichkeit aus, für sich selbst *verstehend* zu werden und zu sein." (GA 63 S. 15)

[32] Heidegger nennt sie auch regionale Ontologien (GA 25 S. 35 ff.) oder produktive Logik (SZ S. 10, GA 20 S. 2).

erörtert, hier sei es nur erwähnt, daß es für die Interpretation der Wissenschaftsauffssung dieser Epoche besondere Bedeutung hat, daß das auch unter anderem als Fundamentum betrachtete Sein von Heidegger durch die Analytik des menschlichen Daseins zu erfassen gesucht wird. (vgl. SZ S. 13)

2.3. Die Grundstrukturen des faktischen Lebens, bzw. menschlichen Daseins

Die Wissenschaft ist Heideggers Auffassung nach als ein Ausdruck des faktischen Lebens, oder mit Hilfe der späteren Begrifflichkeit als eine Seinsweise des In-der-Welt-seins zu betrachten. Die als Entsprungene, als Abkünftige verstandene Wissenschaft läßt sich also durch die Auslegung jener Strukturebene erfassen, der diese Verhaltungsweise entwächst.

Die beiden Schaffensperioden werden von uns gemeinsam behandelt, dabei aber auch darauf Wert gelegt, daß die Unterschiede und die Modifizierungen hervortreten. In diesem Kapitel gehen wir an die Erörterung des faktischen Lebens und menschlichen Daseins heran, und zwar durch die Erläuterung des Begriffes 'Welt' sowie der alltäglichen Tätigkeiten in der Welt.

In der Schaffensperiode von *Sein und Zeit*, wo die Grundstruktur des menschlichen Daseins als In-der-*Welt*-sein erfaßt wird, stellt der Weltbegriff einen der Grundbegriffe für die Deskription des menschlichen Daseins dar. Der Terminus 'Welt' hat immerhin schon vor Jahren eine wesentliche Rolle gespielt. Der Begriff rückt in den Vorlesungen WS 19/20 bei der Charakterisierung des Lebens bereits in den Vordergrund. Heidegger schreibt: *„Jeder Mensch trägt in sich einen Fonds von Verständlichkeiten und unmittelbaren Zugänglichkeiten.* Es gibt für bestimmte Gruppen von Menschen gewisse jedem in gleicher Weise zugängliche Weltstücke … " (GA 58 S. 34) Nach einem Jahr formuliert er wie folgt: „Leben ist in sich selbst weltbezogen, 'Leben' und 'Welt' sind nicht zwei für sich bestehende Objekte, wie ein Tisch, auf den der vor ihm stehende Stuhl räumlich bezogen ist. Die Bezogenheit ist solche eines Bezugs, d. h. *vollzogen,* gelebt, und qua gelebte vorgrifflich für die Interpretation zu intendieren und als so im Vorgriff gehaltene und zugeeignete zu explizieren." (GA 61 S. 86)

Die wichtigsten Ansätze des in *Sein und Zeit* herauskristallisierten Weltbegriffs sind demnach in der frühen Freiburger Epoche bereits vorzufinden. Der Begriff 'Welt' ist auch hier schon eine Zugangsweise und keine Menge der Dinge. Die Beziehung zwischen der Welt und dem Leben läßt sich nicht als räumlich begreifen, sondern vermag das Leben nur mittels des dichten Netzes der Beziehungen 'am Werk zu sein', und die Welt ist als die Mannigfaltigkeit dieser Beziehungen.

Die Welt als Zugangsart und Beziehungszusammenhang hat eine weitere Bestimmung, die Bedeutsamkeit. „Bedeutsamkeit ist eine kategoriale Determination von Welt; die Gegenstände einer Welt, die weltlichen, welthaften Gegenstände sind gelebt im Charakter der Bedeutsamkeit." (a.a.O. S. 90) Wie schon früher erwähnt, zielte das philosophische Programm des frühen Heidegger, die phänomenologische Hermeneutik auf die Selbstaneignung, die Selbstbeleuchtung des Lebens. *Für den Vollzug dieser Aufgabe hat es eine besondere Bedeutung, daß das faktische Leben bei Heidegger als ein in verstehender Weise existierendes aufgefaßt wird; diesem Programm zufolge kehrt sich nämlich der Philosoph zum das faktische Leben konstituierenden Verstehen, um diese Grundbestimmung des Lebens zu einer philosophischen Zugangsweise zu entwickeln,*[33] *und danach mit Hilfe der so ausgeformten phänomenologischen Hermeneutik wie zurückkehrend das Leben auf sich selbst zu erwecken.*[34]

Die Bedeutsamkeit der Welt und das als die Grundbestimmung des Lebens aufgefaßte Verstehen erweisen sich als zwei Seiten einer Sache. Das faktische Leben versteht die Welt, indem seine verschiedenen Tätigkeiten ausübt. Die Welt, als Zugangsart, als Beziehungszusammenhang, als Bedeutsamkeit, bedeutet daher auch schon für den frühen Heidegger den 'Bedeutungsraum' der Tätigkeiten des faktischen Lebens, das Netz der 'begangenen'[35] und 'möglichen'[36] Wege, die von vornherein zu dem Tätigen gehörend als die Bedingung der Möglichkeit der Tätigkeit dienen.

Der junge Heidegger verwendet für die Erfassung des Phänomens 'Welt' Grundwörter, die von der Begrifflichkeit von *Sein und Zeit* erheblich abweichen. Als zentraler Begriff tritt hier der durch den späten Husserl bekannt gewordene Terminus 'Lebenswelt' auf, die als Umwelt, Mitwelt und Selbstwelt strukturiert wird. Diese Struktur ist nicht additiv, d.h. diese drei Welten bilden keine Gebiete der Lebenswelt,[37] sondern die Lebenswelt artikuliert sich nach den Grundrichtungen der Sorge auf diese Weise. (vgl. PIA S. 240, GA 61 S. 94, GA 63 S. 102) Die Beziehung dieser Welten soll man als ein „Durchdringungszusammenhang" (GA 58 S. 56, vgl. S. 39) begreifen, d.h. sie stellenen verschiedene *Projektionen* derselben Lebenswelt dar.

Im Zusammenhangs der Weltmomente kommt nach Heidegger der Selbstwelt eine ausgezeichnete Position zu, er erwähnt die Zugespitztheit des faktischen Lebens

---

[33] „Heideggers Hermeneutik, als philosophische Programmanzeige, versteht sich als Radikalisierung der dem Verstehen innewohnenden Auslegungstendenz." (Grondin 1991 S. 127)

[34] „In der Hermeneutik bildet sich für das Dasein eine Möglichkeit aus, für sich selbst *verstehend* zu werden und zu sein." (GA 63 S. 15)

[35] Man denke an das durch die Tradition vermittelte Wissen oder an die persönliche Erfahrung.

[36] Das Mögliche soll nicht abstrakt, sondern als angeeignetes Vermögen verstanden werden.

[37] „Diese Welten darf man nicht ordnungsmäßig, als drei Bezirke, drei vorgängig absolut ausgegrenzte Wirklichkeitsbereiche, nebeneinander setzen". (GA 61 S. 94)

auf die Selbstwelt.[38] „Selbstwelt: Zentrum der Lebensbezüge“ – schreibt er später. (a.a.O. S. 87) Diese Zugespitzheit steht für Heidegger mit dem Situationscharakter der Selbstwelt in Beziehung. (a.a.O. S. 62, siehe noch 233, 258 ff.) Die Situation hat man sich in diesem Zusammenhang als ein Kraftfeld vorzustellen, das, wie das magnetische Kraftfeld die Eisenfeilspäne in gewisse Richtungen ordnet, die Sinnsbezüge der Lebenswelt nach der aktuellen Situation der Selbstwelt strukturiert. Die zentrierte Struktur des Verweisungszusammenhangs wird in der Epoche von *Sein und Zeit* durch den Begriff 'Worum-willen' erfaßt. Die Weltbezüge weisen demnach auf das menschliche Dasein hin, „dem es in seinem Sein wesenhaft *um* dieses Sein selbst geht“ und das so zum Zentrum des Bedeutungszusammenhangs wird. (SZ S. 84, vgl. noch 123, 129)
Die Welt ist ein bestimmendes Moment der Grundstruktur des menschlichen Daseins, und die Bestimmungen dieses Begriffes gelten für jede Seinsweise des Daseins als umfassend. Die Grundstrukturen des menschlichen Daseins werden jedoch durch die Untersuchung einer gewissen, ausgezeichneten Seinsweise, durch die der durchschnittlichen Alltäglichkeit erfaßt. „Das Dasein soll im Ausgang der Analyse gerade nicht in der Differenz eines bestimmten Existierens interpretiert, sondern in seinem indifferenten Zunächst und Zumeist aufgedeckt werden. Diese Indifferenz der Alltäglichkeit des Daseins ist *nicht nichts*, sondern ein positiver phänomenaler Charakter dieses Seienden. Aus dieser Seinsart heraus und in sie zurück ist alles Existieren, wie es ist.“ (SZ S. 43) Die Seinsart der durchschnittlichen Alltäglichkeit hat insofern bezüglich des Verstehens der anderen Seinsweisen, so auch derjenigen der Wissenschaft, eine besondere Stellung inne. Durch die Analyse der Alltäglichkeit lassen sich also die allgemeinen Strukturszusammenhänge des menschlichen Daseins erfassen, die, wenn auch mit gewisser Einschränkungen, auch für die anderen Seinsweisen gültig sind.
Das In-der-Welt-sein, betont Heidegger (GA 20 S. 211, SZ S. 53), ist ein einheitliches und ursprüngliches Phänomen, das dreifach gegliedert ist. Die drei konstitutiven Momente: „'Welt' als das Wie des Seins – *ontologisch:* die *Weltlichkeit der Welt*; zweitens das *Seiende* als bestimmt aus dem 'Wer' dieses In-der-Welt-seins und dem Wie dieses Seins, wie das Seiende selbst in seinem Sein ist; drittens das *In-Sein als solches*.“ (GA S. 211) Die Einheitlichkeit impliziert, daß die Strukturmomente nicht mechanisch zusammengesetzt, sondern miteinander tief verflochten sind. Das Weltphänomen läßt sich durch die Analyse des In-Seins erschließen. Heidegger unterscheidet scharf das In-Sein vom 'Sein-in …'. (GA 20 S. 211 f., SZ S. 53 ff.) Das 'Sein-in …' ist eine räumliche Beziehung, z.B. „das Wasser 'im' Glas, das Kleid 'im' Schrank, die Bänke 'im' Hörsaal“ (GA 20 S. 212) Das 'In-Sein' bedeutet dagegen etwas ganz Verschiedenes: es meint das Wie, wie

[38] Über die weiteren Zusammenhänge dieses Ausdrucks siehe: Kisiel 1986/87 S. 104 ff.

das Dasein sich zu den Sachen, zu den Menschen verhält. Wie es sich bei der Analyse des Daseins gezeigt hat, zielt dieser Terminus auf die grundlegende Erschlossenheit des menschlichen Daseins; die Erschlossenheit, Angänglichkeit wird dementsprechend durch die Analyse des Begriffs 'In-Sein' ausgelegt. Die Erschlossenheit, die Angänglichkeit bedeutet ja, daß wir *bei* den uns umgebenden Dingen sind, und die alltägliche Weise dieses Bei-seins das Wohnen, die Vertrautheit ist. Nach Heidegger sind wir mit unserer Umgebung in einer vertrauten Beziehung, wir sind in unsere Welt eingeflochten, und der Begriff 'In-Sein' verweist auf diese wohnende, vertraute Weise, wie wir in der Welt sind. (vgl. GA 20 S. 213, SZ S. 54 f.)

Die Welt besagt auch in der Epoche von *Sein und Zeit* die den Zugang zu den Seienden gewährende Bedeutsamkeit, die Struktur der Erschlossenheit des Daseins. (vgl. GA 20 S. 252 f., 274 ff., 285 ff., SZ S. 64 f., 87., 143)[39] Die Welt läßt sich nicht von dem menschlichen Dasein trennen, das Dasein existiert als In-der-Welt-sein, d.h. die in diesem Sinne verstandene Welt gehört zur Seinsverfassung des Daseins. Dies impliziert jedoch nicht, daß uns diese Welt in gewisser Sinne nicht gemeinsam sei, oder, daß sich die Bedeutungszusammenhänge als verfestigte Ausgelegtheiten vom Dasein nicht unabhängig machen können.

Der Weltbegriff wird im engen Zusammenhang mit dem alltäglichen Umgang behandelt. Dieser Umgang bewegt sich in der Umwelt. Während dieses Umgangs begegnen wir den Dingen, die aufeinander verweisen, und eine Zeugganzheit konstituieren. (SZ S. 68) Um irgendwelche Tätigkeit vollziehen zu können, muß das Dasein über diese Zeugganzheit im vorhinein eine gewisse Übersicht haben. Dieses vorweg gegebene 'Wissen' wird Umsicht genannt.

Für unsere Untersuchung ist gerade der Zusammenhang zwischen der Tätigkeit und der Welt als Veweisungszusammenhang von besonderer Bedeutung. Die Möglichkeitsbedingung der Tätigkeit ist es, daß sie nicht blind sei, sie ihre eigene Sicht habe (vgl. SZ S. 69). Die Sicht bedeutet einen strukturellen Teil der Tätigkeit; das vorherige Haben des Bedeutungszusammenhangs, das Verstehen ist

---

[39] Den Begriff des In-der-Welt-seins kann wohl das folgende literarische Beispiel beleuchten: in *Krieg und Frieden* wird von Tolstoi eine Szene geschildert, wo die Russen einen französischen Dragoner gefangen haben. Der Franzose "wußte nicht recht, wo er sich befand. Bald entschuldigte er sich, daß man ihn gefangengenommen hatte, bald glaubte er vor seinen eigenen Vorgesetzten zu stehen, und suchte seinen soldatischen Diensteifer und seine Beflissenheit zu beweisen. So brachte er voller Frische in unsere Nachhut die Atmosphäre hinein, die im französischen Heer herrscht, und die uns so sehr fremd ist" (Tolstoi S. 299) Die Komik der Situation ergibt sich offenbar daraus, daß der in Verwirrung geratene Soldat sich weiterhin in jenem Beziehungszusammenhang bewegt, der infolge seiner Gefangenschaft für seine jetztige Lage nicht mehr gültig ist. *Im Hintergrund der fremden Umgebung* werden die sonst zur Gewohnheit gewordenen Beziehungen, die Subordinationsverhältnisse, die Kriegsmoral, usw. – mit Tolstois treffenden Ausdruck, die Atmosphäre der französischen Armee – für die russischen Soldaten enthüllt. Das von Tolstoi als Atmosphäre erfaßte Phänomen ist jenen meistens unsichtbaren, vertrauten Beziehungen, jenem Bedeutungsgewebe verwandt, die die Welt des menschlichen Daseins ausmachen.

das 'know-how' der Tätigkeit. So stellt die Welt als Bedeutsamkeit und die sich in sie hineinversetzende Tätigkeit aufeinander bezogene Momente dar.
Die grundlegende strukturelle Bestimmung des Lebens ist Heideggers Ansicht nach im Verhältnis des Ursprungs und des Entsprungenen zu erfassen. Das besagt, daß die Manifestationen, die verschiedenen Ausgelegtheiten und Verhaltensweisen des alltäglichen, faktischen Lebens als das Entsprungene einer ursprünglicheren Ebene betrachtet werden und von dieser ursprünglicheren Ebene her verstanden werden müssen.

3. DER WISSENSCHAFTSBEGRIFF HEIDEGGERS

Im dritten Abschnitt werden die den Heideggerschen Wissenschaftbegriff konstituierenden Momente mit Hilfe des früher entworfenen Auslegungsrahmens rekonstruiert werden, dessen drei Endpunkte die Philosophie, die Wissenschaft und das alltägliche In-der-Welt-sein (faktisches Leben) darstellen. Die Analyse der Beziehung zwischen diesen Polen soll den Weg zu der Interpretation des Heideggerschen Wissenschaftbegriffs öffnen.

Die Beziehung zwischen der Philosophie und dem alltäglichen In-der-Welt-sein (faktischem Leben) wurde im zweiten Abschnitt untersucht. Es hat sich als höchst bedeutsam erwiesen, daß Heidegger die Philosophie als eine Weise des faktischen Lebens, bzw. des In-der-Welt-seins betrachtet, und er die Aufgabe des Selbstverstehens und der Selbstaneignung der Philosophie durch die hermeneutische, phänomenologische Analyse zu vollziehen versucht. Auf diese Weise verknüpfen sich bei Heidegger die Selbstauslegung und Selbstkonstitution der Philosophie sowie die Auslegung und Erweckung des menschlichen Daseins aufs engste.

Einer der wichtigsten Punkte des Beziehungssystems zwischen der Philosophie und der Wissenschaft ist es, daß Heidegger die Philosophie als Wissenschaft betrachtet, genauer gesprochen, er sieht die Philosophie als den eigentlichen Vertreter der Wissenschaftlichkeit an. Einerseits ist es deshalb für Heidegger unvorstellbar, die Idee der 'Wissenschaftlichkeit' der faktischen Praxis der Wissenschaften zu entnehmen, anderseits stellt aber die Anknüpfung der Idee der Wissenschaftlichkeit an die Philosophie eine tiefliegende Beziehung zwischen der Philosophie und der Wissenschaft her. Diese Ambivalenz zeigt sich im Begriff 'theoretische Einstellung'. Eine Funktion dieses Begriffs besteht in den Heideggerschen Erörterungen darin, als Gegenbegriff zu der hermeneutisch-phänomenologischen Zugangsart zu dienen, damit die Einzelwissenschafen, die von Heidegger mit der theoretischen Einstellung identifiziert werden, der Philosophie nicht als Vorbild dienen können. Ferner aber spielt die theoretische Einstellung in der positiven Darstellung der Einzelwissenschaften eine bestimmende Rolle, und einer der Ursprünge dieser Einstellung wird von Heidegger in der Philosophie selbst, d.h. im eigentlichen Vertreter der Wissenschaftlichkeit aufgezeigt. Diese Problematik wird in dem ersten Kapitel dieses Abschnitts erörtert.

Die Heideggersche Frage nach dem Ursprung der Wissenschaften gabelt sich, in die Grundrichtungen der Philosophie, in die des faktischen Lebens bzw. des In-der-Welt-seins. Die Analysen der Genesis der Einzelwissenschaften aus der Alltäglichkeit ermöglichen es für Heidegger, 1. die objektivierende, theoretische Einstellung als eine Seinsweise des In-der-Welt-seins aufzuzeigen, 2. die Beziehungen und Spannungen zwischen den alltäglichen Erfahrungsmodi und der wissenschaftlichen Erkenntnis zu beleuchten, 3. mit Hilfe der Frage nach der Selbst- und philosophischen Begründung der Wissenschaften die Beziehung zwischen den beiden Ursprungsgebieten der Wissenschaften zu erschließen. Die Untersuchung der dritten Seite des obigen Dreiecks gliedert sich daher in weitere Problemkreise, die im zweiten Kapitel erörtert werden sollen.

3.1. Die Philosophie als Wissenschaft

Fangen wir mit der Erörterung unseres engeren Themas an, so begegnet uns unvermeidlich die Frage: was heißt die Wissenschaftlichkeit der Philosophie für Heidegger, und wie hängt dies mit ihrer Beziehung zu der Einzelwissenschaften zusammen? Die von uns untersuchte Schaffensperiode fällt mit dem Zeitraum zusammen, als Heidegger die Philosophie als Wissenschaft angesehen hat.[40]
Für die als Wissenschaft aufgefassene Philosophie findet man bei Heidegger ziemlich viele Ausdrücke; den Terminus 'Urwissenschaft': „Idee der Urwissenschaft – wissenschaftliche Philosophie." – erwähnt er schon in einer der Vorlesungen SS 1919. (GA 56/57 S. 181, vgl. 15 ff.) Ein anderer früher Begriff ist die Ursprungswissenschaft (siehe z.B. GA 58 S. 1 ff.); von diesen beiden Begriffen war schon früher die Rede. Überdies begegnet man dem Terminus der Vorwissenschaft[41]; diesen Ausdruck hat er in der in Marburg 1924 gehaltenen Vorlesung gebraucht: „Die nachfolgenden Überlegungen gehören vielleicht in eine *Vorwissenschaft*, deren Geschäft folgendes in sich begreift: Nachforschungen darüber anzustellen, was mit dem, was Philosophie und Wissenschaft, was auslegende Rede des Daseins von ihm selbst und der Welt sagt, am Ende gemeint sein könnte." (BZ S. 6) 1927 formuliert er folgendermaßen: „Philosophie ist nicht *Wissenschaft vom* Seienden, sondern vom *Sein* oder, wie der griechische Ausdruck lautet, *Ontologie*." (GA 24 S. 15) „Philosophie ist die Wissenschaft vom Sein. Wir verstehen künftig unter Philosophie wissenschaftliche Philosophie und nichts anderes." (a.a.O. S. 17, vgl. noch GA 9 S. 14)
In diesem Zeitraum ist demnach für Heidegger die Philosophie Wissenschaft, aber man würde seine Bestrebungen völlig mißverstehen, wenn man das so interpretierte, als ob die Philosophie sich auf der Suche nach der geeigneten Methode an den Einzelwissenschaften orientieren sollte. Gerade umgekehrt. Heidegger be-

---

[40] Mit Kisiels Worten: „Das Urwissenschaftliche Motiv Heideggers besteht bis 1928." (Kisiel 1986/87 S. 117)
[41] Heidegger charakterisiert die Urwissenschaft auch als vortheoretisch schon im Jahre 1919. (GA 56/57 S. 94 ff.)

trachtet die Philosophie als die Vertreterin der Wissenschaftlichkeit, aber er sieht sie nicht in der zeitgenössischen Philosophie verkörpert, sondern er meint, daß die wissenschaftliche Philosophie gerade trotz der zeitgenössischen Philosophie ausgearbeitet werden soll.

„Für das Verständnis der im Ausdruck[42] angezeigten Aufgabe ist es wichtig zu sehen, daß man sich, um der Wissenschaftlichkeit der Philosophie willen gerade zu entschlagen hat, um so die 'Wissenschaftlichkeit' um so ursprünglicher zu entdecken." (GA 61 S. 46 f.) Demgemäß soll die Philosophie in sich selbst die Wissenschaftlichkeit vorfinden, und sie soll sie aus sich selbst herausarbeiten. Diese Bestrebung knüpft an die früher analysierte Aufgabe der Selbstaneignung an. Das Programm der *Urwissenschaft* hat Heidegger als das unaufhörliche Ringen um die Methode, den absoluten Radikalismus der Frage und Kritik, die Erschließung der eigenen Voraussetzungen und die Aufgabe der Selbstbeleuchtung charakterisiert. Durch dieses Ringen vermag die Philosophie nach den Hoffnungen Heideggers sich selbst als Wissenschaft zu eigen zu machen. *Eines der Ziele der Selbstaneignung der als Urwissenschaft aufgefaßten Philosophie ist es, die in ihr selbst verborgene Wissenschaftlichkeit zu entfalten.* Diese Wissenschaftlichkeit sollte man als *Haltung*, als *Einstellung*, ja als *Leidenschaft*[43] auffassen, ferner als das Erkämpfen und Bewahren der Offenheit, die die ständige Erneuerung der Philosophie ermöglicht (vgl. z.B. GA 58 S. 25 ff., 237), bzw., negativ formuliert, soll man sich darum bemühen, es zu vermeiden, daß sich die Philosophie als verfestigten Standpunkt zu verlieren. *Diese ursprüngliche Wissenschaftlichkeit läßt sich nicht mit Hilfe positiver Sätze festsetzen, sondern ist vielmehr als eine Bewegung zu betrachten, die die Dimensionen der selbstbezogenen Offenheit beschreitet, und die eigenen Grenzen immer wieder auszuweiten versucht.*

Der echte Vertreter der in diesem Sinne verstandene Wissenschaftlichkeit ist dementsprechend die Philosophie, die zugleich als *Maßstab für die Einzelwissenschaften dienen kann und soll.* Die Vorwissenschaft „gibt Auskunft, wann eine Forschung bei ihrer Sache ist – oder sich nährt aus einem überlieferten und abgegriffenen Wortwissen darüber." (BZ S. 7) Daher besteht eine Rolle der Philosophie als Vorwissenschaft darin, die Beziehung der Wissenschaften zu den Sachen und der Tradition von der *Ursprünglichkeit* und der *angemessenen Zugangsart* her zu untersuchen. Die Aufgabe der am Anfang von *Sein und Zeit* analysierten produktiven Logik besteht ebenfalls darin, „in ein bestimmtes Seinsgebiet gleichsam" vorzuspringen, „es in seiner Seinsverfassung allererst" zu erschließen und „die

[42] Es handelt sich um 'die wissenschaftliche Philosophie'. (vgl. noch GA 24 S. 4 f., GA 20 S. 21 ff.)

[43] „'Wissenschaft' kann in einem formalen Sinne genommen werden, wo es besagt eine 'Leidenschaft' – dann sind die Wissenschaften nicht so 'wissenschaftlich' wie die Philosophie." (GA 61 S. 46)

gewonnenen Strukturen den positiven Wissenschaften als durchsichtige Anweisungen des Fragens verfügbar" zu machen. (SZ S. 10)
Bei der Unterscheidung der Wissenschaft vom Sein bzw. der vom Seienden berührt Heidegger ebenfalls dieses Problem. Auch die Wissenschaften arbeiten nämlich auch mit Hilfe des vorherigen Seinsverständnisses, sie richten sich jedoch nicht auf das Sein, sondern auf das Seiende. Das verstandene Sein spielt aber, wie schon erörtert, die Rolle des Beleuchtenden in der Enthüllung des Seienden. Eine Aufgabe der auf das Sein gerichteten Philosophie ist daher die Erschließung des im Hintergrund der wissenschaftlichen Forschung stehenden Seinsverständnisses, d.h. das tiefere Verstehen der Zugangsart der Wissenschaften. *Dementsprechend eröffnet die Philosophie mit ihrem radikalen Fragen, mit ihrer die Zugangsweise betreffenden Überlegungen eine Dimension, auf die sich zwar die Wissenschaft stützt, die für sie trotzdem nicht vollständig zugänglich ist.*
Die Heideggerschen Sätze: „alle Wissenschaft ist latent und im Grunde Philosophie" (GA 25 S. 38), bzw. „es gibt nicht Philosophie, weil es Wissenschaften gibt, sondern umgekehrt, es *kann* Wissenschaften geben, nur weil und nur wenn es Philosophie gibt." (GA 29/30 S. 33), können demnach so verstanden werden, daß die Philosophie eine grundlegende Rolle in der Entstehung der Wissenschaft*lichkeit* gespielt hat, und sie in diesem Sinne, mindestens ihrem Beruf nach, als der Vertreter der Wissenschaftlichkeit anzusehen ist. Diese Sätze sind insofern mißverständlich, daß Heidegger der Philosophie eine herrschende Rolle zuschreibt, wobei ihre Aufgabe in der Maßregelung der Wissenschaften bestünde.[44] Davon ist es gar nicht die Rede, im betroffenen Jahrzehnt ist Heidegger vielmehr bestrebt, den Wissenschaften gegenüber eine Partnerschaft zu errichten, wobei beide Partner ihre Selbständigkeit haben. Die Auffassung der Philosophie als Wissenschaft enthält nämlich das Moment der grundlegenden Zusammengehörigkeit von Philosophie und Wissenschaften, die Heidegger zufolge sowohl für die Philosophie als auch für die Wissenschaften *eine Aufgabe* stellt. *Die Verknüpfung der ursprünglichen Wissenschaftlichkeit mit der Philosophie besagt, daß die Fachwissenschaften über diese Wissenschaftlichkeit nicht automatisch verfügen, sie ihr aber von vornherein keineswegs verschlossen sind.* Die Beziehung zwischen der Philosophie und den Wissenschaften zeichnet dementsprechend einen *Bewegungsraum* vor, innerhalb der sowohl die Zuwendung zur Wissenschaftlichkeit als auch die Abwendung davon möglich sind. In dieser Hinsicht haben beide Partner ihre selbstständige Rolle.[45]

---

[44] Die Fragen der Vorwissenschaft nach der Ursprünglichkeit, oder die durchsichtigen Anweisungen des Fragens darf man nicht als Direktiven, sondern als als Erschließung solcher Dimensionen ansehen, die als Bewegungsraum der *selbstständigen* Wissenschaften dienen.

[45] Eine der Aufgaben dieser Abhandlung besteht gerade darin, zu zeigen, daß die Heideggerschen Überlegungen bezüglich des Ursprungs, der Struktur und der Dynamik der Wissenschaften unter anderem den

Diese grundlegende Verbundenheit besagt aber nicht, daß die Beziehung zwischen der Philosophie und den Wissenschaften Heidegger nach symmetrisch wäre. Gerade umgekehrt. Die Vertreterin der Wissenschaftlichkeit ist die Philosophie, und es hat für Heidegger eine besondere Bedeutung, daß die Philosophie sich *nicht* nach dem methodischen Ideal der Wissenschaften richten darf. Im untersuchten Zeitraum galt seine Anstrengung den Ziel, die die Wissenschaften charakterisierende Zugangsart abzugrenzen und begrifflich zu erfassen. Für die Erfassung dieser Einstellung hat Heidegger den Begriff 'theoretisch' verwendet. Mit Hilfe dieses Terminus hat Heidegger zum Teil die Einzelwissenschaften, zum Teil jene Richtungen der Philosophie charakterisiert, die seiner Meinung nach an die Methodik der Fachwissenschaften unkritisch anknüpfen. Heidegger hält die theoretische Einstellung im Fall der Einzelwissenschaften für notwendig, im Fall der Philosophie sieht er sie aber als eine Tendenz an, die bekämpft werden soll. Heidegger verwendet daher den Terminus 'theoretisch' bezüglich der Philosophie als einen Gegenbegriff zur eigenen Zugangsart.[46] Die grundlegende Absicht Heideggers ist es nämlich, die Zugangsart zum faktischen Leben auszuarbeiten und zu bewahren, und er findet, daß die sich ergebende theoretische Einstellung den Weg zu den Phänomenen vielmehr verschließt, als erschließt. Die frühere Behandlung der hermeneutischen, phänomenologischen Zugangsart hat uns zur Erkenntnis geführt, daß diese Zugangsart die fein gegliederte Bedeutsamkeit des faktischen Lebens durch eine 'archäologische' Arbeit entfalten soll, wobei deren Situationscharakter bewahrt werden muß. Im Gegensatz dazu objektiviert, verdinglicht die theoretische Einstellung, d.h. sie arbeitet mit starren Schemen, dinglichen Zusammenhängen, die für die Erfassung des Lebens nicht geeignet sind. (vgl. z.B. GA 58 S. 126 ff., 164 ff., GA 63 S. 15 ff., GA 56/57 S. 69 ff., 73 ff., 98, 114 ff., PIA S. 241) Für die theoretische Einstellung ist die Entdeutung, die Entlebung und die Entgeschichtlichung charakteristisch (GA 56/57 S. 89, GA 58 S. 77 ff.), die gegen die von Heidegger geforderten, verstehenden, aneignenden Bestrebungen wirken.

Es leuchtet ein, daß die beiden Seiten des Begriffs der theoretische Einstellung voneinander klar unterschieden werden sollen, einerseits wird dieser Begriff als

---

Möglichkeitsraum der Selbstaneignung, bzw. des Selbstverlierens der Wissenschaften vorzeichnen. Während die Gedankengänge im dritten Abschnitt analysiert werden, die diesen Bewegungsraum vorzeichnen, werden die Verwirklichungsarten dieser Möglichkeiten im vierten Abschnitt erörtert, d.h. hier werden die Heideggerschen Gedanken über die 'Eigentlichkeit' und 'Uneigentlichkeit' der Wissenschaften untersucht. Die Frage, worin die Rolle der Wissenschaften, bzw. der Philosophie bezüglich der 'eigentlichen' und 'uneigentlichen' Beziehung besteht, können wir nur in den 4.4. und 4.5. Kapiteln behandeln.

[46] Kisiel formuliert wie folgt: „'Faktisch' wird zunächst als 'operativer' Gegenbegriff zu 'theoretisch' gebraucht." (Kisiel 1986/87 S. 102) Fehér M. István schreibt: „'Hermeneutics', 'hermeneutical', have the meaning of rival concepts to 'theory', 'theoretical', understood in terms of 'theoretically neutral'." (Fehér 1992 b S. 79, vgl. noch Jamme 1986/87 S. 76 ff.)

Gegenbegriff, anderseits als positiver Begriff für die Charakterisierung der theoretischen Einstellung gebraucht. Für die Beziehung zwischen der Philosophie, der Wissenschaftlichkeit und der theoretischen Einstellung läßt sich also feststellen: der echte Vertreter der Wissenschaftlichkeit sei die Philosophie, und die Einzelwissenschaften sollen sich für diese Wissenschaftlichkeit offen halten; für die Einzelwissenschaften ist dagegen die theoretische Einstellung charakteristisch, die Philosophie würde aber verfallen, wenn sie theoretisch würde.
Die Beziehung zwischen der Wissenschaftlichkeit und der theoretischen Einstellung wird durch die Idee der Ursprungswissenschaft interpretiert. Die theoretische Einstellung wird nämlich als das Entsprungene beschrieben,[47] und dies ermöglicht es für Heidegger, nach dem *Vor-* und *Über*theoretischen zu fragen.[48] Die Entdeckung des Ursprungsgebiets und die phänomenologische Analyse der Genesis eröffnet die Auslegungsmöglichkeiten der theoretischen Einstellung für Heidegger. Die Erschließung des Ursprungs der theoretischen Einstellung vollzieht er im Grunde genommen in zwei verschiedenen Richtungen. Da der echte Vertreter der Wissenschaftlichkeit die Philosophie, die Urwissenschaft ist, erfaßt er den Ursprung des Theoretischen einerseits in der Urwissenschaft: „dann muß es eine vor-theoretische oder übertheoretische, jedenfalls eine nichttheoretische Wissenschaft, eine echte *Ur*-wissenschaft geben, aus der das Theoretische selbst seinen Ursprung nimmt." (GA 56/57 S. 96, vgl. noch 24)[49] Ferner sucht er den Ursprung der Wissenschaften auf dem gleichen Gebiet wie den der Philosophie selbst, d.h. im faktischen Leben. Die Auffassung der Wissenschaft als einen Ausdruck des faktischen Lebens ermöglicht es, die theoretische Einstellung durch die Analyse der Genesis dieser Einstellung aus dem faktischen Leben vom einem

[47] „Jede Einzelwissenschaft ist der Urwissenschaft gegenüber nicht-prinzipiell, Nicht-principium, sondern Prinzipatum, das Ent-sprungene und nicht der Ursprung." Das Ent-sprungene aus dem Ursprung ableiten, gibt einen Sinn; das Umgekehrte ist Widersinn." (GA 56/57 S. 24)

[48] Kisiel charakterisiert diesen Heideggerschen Gedankengang wie folgt: „Mit einem Sprung tritt man aus dem Kreis des Theoretischen heraus und erkennt das Theoretische als abgeleitetes Phänomen, abgeleitet aus einer vor- oder übertheoretischen Sphäre." (KIsiel 1986/87 S. 98)

[49] Dieser Zitat entstammt einer Argumentation, in der er die zirkelhafte Struktur der theoretischen Erfassung der theoretischen Einstellung untersucht. Wenn „das Problem der *theoretischen* Erkenntnis durch Erkenntnis-*theorie*" gelöst werden sollte, „*die Theorie durch die Theorie*", dann ist der Zirkel unaufhebbar. Das Erkennen kommt nicht aus sich selbst heraus." (GA 56/57 S. 96) Wenn aber die Urwissenschaft sich in einer vortheoretischen Sphäre bewegt, wo „sie nicht nur keine *Voraussetzungen* zu machen braucht, sondern sie *nicht* einmal machen *kann*", wo die Rede von Voraussetzung überhaupt keinen Sinn hat, dann trägt die Zirkelhaftigkeit keine theoretische Gefahr in sich. Diese Überlegung hat bezüglich der Thematik dieser Abhandlung eine besondere Bedeutung, hier wird nämlich der Sinn der Theorie der Wissenschaft, d.h. der Wissenschaftstheorie nur insofern in Frage gestellt, als sie die Wissenschaft durch Mittel zu erfassen versucht, über die die Wissenschaft selbst verfügt. Aber das bedeutet nicht, daß Heidegger keinen alternativen Weg für die hermeneutische, phänomenologische Erfassung der Wissenschaften sieht. Genau im Gegenteil, er hält es für möglich erst dann, wenn die Wissenschaft *in nicht-theoretischer Weise* aufgefaßt wird. (vgl. die Einleitung)

ursprünglicheren Horizont her zu interpretieren. Die Frage, wie diese beide Richtungen miteinander verbunden sind, wird von uns später, bei der Analyse des Problems der Grundlegung der Wissenschaften in Kapitel 3.2.3. erörtert. Wenn auch mit gewissen Verschiebungen charakterisiert diese ursprungswissenschaftliche Zugangsweise auch die Epoche von *Sein und Zeit*.

Überblickt man die Kritiken, die Heidegger im untersuchten Jahrzehnt gegenüber der verschiedenen philosophischen Schulen vollzogen hat, so findet man den Einwand als ein konstantes und bestimmendes Element der Kritik, daß diese Richtungen viel zu eng an die Methodik der Naturwissenschaften angeknüpft haben, und so sich sie selbst auch theoretisch geworden sind. Bezüglich Natorp spricht er u.a. von der radikalsten „Verabsolutierung des Theoretischen, Logischen, wie sie seit Hegel nicht mehr proklamiert war." (GA 56/57 S. 108) Andere Neukantianer bewertet Heidegger ähnlicherweise (a.a.O. S. 144 ff.); ferner betont er auch bezüglich der Kant-Rezeption des 19. Jahrhunderts, daß die Philosophie als Erkenntnistheorie verstanden wurde. „Das vollzog sich in der neukantischen Marburger Schule. Die Philosophie versucht nicht mehr die Einzelwissenschaften zu meistern und ihre Resultate zu überspringen, sondern beschränkt sich auf ein eigenes Gebiet: sie wurde zu einer Theorie der Wissenschaft." (WDF S. 146, vgl. GA 63 S. 68)[50] Nach Heidegger halten also die Neukantianer das Primat der theoretischen Zugangsart zu der Einzelwissenschaften in mehreren Hinsichten für akzeptierbar und einen geeigneten Ausgangspunkt: 1. sie übernehmen die theoretische Zugangsart; 2. die ausgezeichneten Gegenstände ihrer Untersuchungen stellen die Vertreter der theoretischen Einstellung, die Einzelwissenschaften dar.

Auch die Husserl-Kritik Heideggers knüpft sich an die Problematik des Theoretischen an. „Für Husserl lag ein bestimmtes Ideal von Wissenschaft vorgezeichnet in der *Mathematik* und mathematischen Naturwissenschaft. Mathematik war das Vorbild für jede Wissenschaft überhaupt. [...] Über diese Verabsolutierung ist hier nicht weiter zu reden." (GA 63 S. 71) Heidegger hat Husserl auch in seiner großen Kritik von 1925 den latenten Primat des Theoretischen vorgeworfen. (vgl. Jamme 1986/87 S. 88. f.) Er stellt es in Frage, ob die von Husserl dargestellte natürliche Einstellung wirklich natürlich ist. Nach Heidegger ist diese Einstellung „eine Erfahrung, die ganz und gar *nicht* natürlich ist, sondern eine ganz bestimmte theoretische Haltung in sich schließt" (GA 20 S. 155) Husserl bleibt also nach der Kritik Heideggers auch dann innerhalb der *theoretischen* Einstellung, wenn er

[50] In der Einleitung wurde schon behandelt, daß Heidegger gegen die Wissenschaftstheorie aus mehreren Gründen Einspruch erhebt, einerseits weil sie sich als eine Disziplin auf ein eigenes Gebiet beschränkt, und so sie sich selbst vom radikalen Fragen nach den eigenen Voraussetzungen, anderseits weil er die theoretische Einstellung für untauglich hält, die Wissenschaft, d.h. die verschiedenen Formen der theoretischen Einstellung selbst entsprechend zu erschließen.

gerade die *natürliche* Einstellung beschreibt. (vgl. Fehér 1992 a S. 82 ff., 1992 b S. 81)
Bezüglich der lebensphilosophischen Richtungen hat Heidegger auch eingewandt, daß sie an der theoretischen Einstellung hängen, und zwar im speziellen Sinne: während diese Richtungen die Selbstständigkeit und Geschichtlichkeit des Lebens gegenüber der rationellen, theoretischen Zugangsarten zu betonen versuchen, arbeiten sie keine selbstständige Begrifflichkeit aus, und letzten Endes entnehmen sie ihre Begriffe der theoretischen Einstellung. (vgl. Fehér 1992 b S. 82 f.) Z.B. in der zwischen 1919 und 1921 entstandenen Rezension des Buches von Jaspers über die *Psychologie der Weltanschauungen* betont Heidegger (vgl. Jamme 1986/87 S. 75), daß Jaspers sich von der Begrifflichkeit der theoretischen Einstellung letztlich nicht zu befreien vermochte (GA 9 S. 21), und er das Leben mit einer Begrifflichkeit, 'dinglichem Apparat' erfaßt, die es als objektives Ding versteht. (a.a.O. S. 19, vgl. Jamme 1986/87 S. 76)

3.2. Die Genesis der theoretischen Einstellung

Heidegger hat den Untersuchungen der Genesis der theoretischen Einstellung innerhalb der Problematik der Wissenschaften eine besondere Bedeutung beigemessen.[51] Das ist selbstverständlich, wenn wir überlegen, daß Heidegger das Nachdenken über die Wissenschaften disziplinär nicht beschränken will und die ursprungswissenschaftliche Zugangsweise die Erschließung breiterer Horizonte ermöglicht. Das Fragen nach der Entstehung der Wissenschaften besagt nämlich eine Änderung der Perspektive, die Erschließung einer Dimension, die das Theoretische übersteigt. Bei der Umstellung der Perspektive geht es darum, das Theoretische nicht als einen festgesetzten Strukturzusammenhang zu erfassen, sondern es als eine Handlung, eine *Bewegung* zu verstehen. Heidegger sagt an einer Stelle: „Wir nehmen den Ansatz der Betrachtung bei der vorläufigen Kennzeichnung der Wissenschaft als einer Art der Erkenntnis. Erkenntnis aber nehmen wir nicht im Sinne des Erkannten, sondern als erkennendes Verhalten." (GA 25 S. 18) Das Erkannte, d.h. wie er in *Sein und Zeit* schreibt, „das Ganze eines Begründungszusammenhanges wahrer Sätze" kann nicht die vollständige Definition geben, es trifft es nicht einmal „die Wissenschaft in ihrem Sinn. Wissenschaften haben als Verhaltungen des Menschen die Seinsart dieses Seienden (Mensch)." (SZ S. 11)

[51] Einige wichtigere Teststellen: GA 56/57 S. 89 ff., 112-116, 205-214, GA 58 S. 65-78, 110-128, 223 ff., GA 20 S. 1-6, 215-229, SZ S. 9 ff., 59-62, 111 ff., 356-364, 392-397, GA 25 S. 17-39

Der Heideggersche, existenziale Begriff der Wissenschaft[52] stellt gerade diesen Handlungscharakter der Wissenschaft ins Zentrum. Im Gegensatz zum logischen Begriff der Wissenschaft, „der die Wissenschaft mit Rücksicht auf ihr Resultat versteht“ (SZ S. 357), erfaßt der existenziale Begriff „die Wissenschaft als Weise der Existenz und damit als Modus des In-der-Welt-seins, der Seiendes bzw. Sein entdeckt bzw. erschließt.“ (a.a.O.) Der wesentliche Unterschied besteht demnach darin, daß der logische Begriff von den fertigen, abgeschlossenen Ergebnissen ausgeht und sich so innerhalb des Horizonts der wissenschaftlichen Sätze bewegt, während der existenziale Begriff eine breitere Pespektive als der Horizont der Wissenschaft selbst zu eröffnen trachtet; eine Perspektive, die das Ergebnis der Wissenschaft und die sie hervorbringende menschliche Tätigkeit gemeinsam berücksichtigt.

Die Wissenschaft stellt daher, nach den Worten von *Sein und Zeit*, eine Seinsart, eine Seinsart des menschlichen Daseins dar, und laut der frühen Freiburger Vorlesungen ist sie ein dem Leben entwachsener Ausdruckszusammenhang. Die Wissenschaft ist dieser Auffassung nach die Seinsweise von *etwas*, der Ausdruck von *etwas*, gegen *das*, aus *dem* die theoretische Einstellung entsteht. Die Heideggersche Analyse dieser Genesis arbeitet die Beziehung zwischen der theoretischen Einstellung und dem breiteren Hintergrung, dem faktischen Leben, bzw. dem In-der-Welt-sein aus.[53] *Das Entscheidende ist es, die Momente gemeinsam sehen zu lassen, und gerade deshalb wäre es falsch, die Momente, die die Unterschiede hervorheben, so zu bewerten, als ob sich die theoretische Einstellung nach Heidegger ablösen könnte.* Heidegger betont es nachdrücklich und wiederholt, daß die wissenschaftliche Erkenntnis eine Seinsweise des menschlichen Daseins als In-der-Welt-sein ist.[54]

In den nächsten drei Kapiteln werden die verschiedenen Seiten dieses Beziehungsgewebes untersucht. Zunächst soll man klären, wie das faktische Leben, bzw. das In-der-Welt-sein die theoretische Einstellung trägt, was für ein struktureller Zusammenhang diese Verbindung kennzeichnet. (Kap. 3.2.1.) Die Auslegung dieses strukturellen Zusammenhanges ermöglicht es für uns, die Verbindung zwischen den alltäglichen Erfahrungsweisen und dem objektivierenden Erkenntnis eingehend zu analysieren. Mit der Heideggerschen Terminologie ausgedrückt: wir werden die Problematik der Entdeckung des Seienden bezüglich der Alltäglichkeit bzw. der theoretischen Einstellung erörtern. (Kap. 3.2.2.) Nachdem die strukturellen Zusammenhänge zwischen der Alltäglichkeit und der theoretischen

---

[52] Siehe z.B. SZ S. 357, GA 25 S. 18, Bast 1986 S. 94 f., 139 f., 162 f.; Gethmann hat diesem Begriff eine selbstständige Abhandlung gewidmet. (Gethmann 1993 S. 169-206)

[53] Heidegger schreibt in einer seiner frühen Vorlesungen: „Wir betrachten nun die Modifikation nicht noch als Modifikation *zu* etwas, sondern *von* etwas (d. h. wir blicken rückwärts).“ (GA 56/57 S. 210)

[54] Vgl. z.B. GA 20 S. 6, SZ S. 357, GA 25 S. 18, Bast 1986 S. 94 f., 112 f., Kockelmans 1985 S. 77, 91, 118

Einstellung und die für sie charakteristischen Erfahrungsweisen geklärt worden sind, werden wir die Rolle der Philosophie in diesem Prozeß untersuchen können. Die Analyse der Begründungstätigkeit der Philosophie zeigt es an, wie die beiden Ursprungsgebiete der Wissenschaften miteinander verbunden sind, und sie nuanciert den Rahmenzusammenhang (Philosophie-Wissenschaften-Alltäglichkeit) weiter, der am Anfang der ausführlicheren Untersuchungen eingeführt worden ist. (Kap. 3.2.3.)

3.2.1. Objektivierung und Lebenswelt

Geht man an die detailierte Untersuchung der Genesis der theoretischen Einstellung, stellt sich die Frage: Welche strukturelle Bindung hat das alltägliche In-der-Welt-sein an die ihm entwachsene theoretische Einstellung? Man muß sich also überlegen: 1. Was sind die wesentlichen Momente, durch die sich die zustande gekommene, theoretische Einstellung von der Alltäglichkeit ablöst; 2. Wie kommt es, daß die theoretische Einstellung doch als eine Weise des In-der-Welt-seins zu verstehen ist?

Heidegger faßt das Ganze der Genesis der Wissenschaft als eine 'Wandlung' auf. In einer der frühen Vorlesungen spricht er über das Prozeß der Situationsumbildung, über einen Wandel der Situation der Lebenswelt (GA 58 S. 77, vgl. noch GA 56/57 S. 206-212), später ist es die Rede vom Umschlag des Seinsverständnisses (SZ S. 361),[55] von der Umstellung des Verhaltens aus den Vorwissenschaftlichen zum Wissenschaftlichen (GA 25 S. 26). (vgl. Bast 1986 S. 134 f., 169 ff., 191 ff.) Diese Ausdrücke verweisen auf eine grundlegende Wandlung, die mit der Alltäglichkeit anfängt und in der theoretischen Einstellung mündet.

Neben der grundlegenden Wandlung gibt es nach Heidegger auch Übergangsformen. „Zwischen der im besorgenden Verstehen noch ganz eingehüllten Auslegung und dem extremen Gegenfall einer theoretischen Aussage über Vorhandenes gibt es mannigfache Zwischenstufen. Aussagen über Geschehnisse in der Umwelt, Schilderungen des Zuhandenen, 'Situationsberichte', Aufnahme und Fixierung eines 'Tatbestandes', Beschreibung einer Sachlage, Erzählung des Vorgefallenen." (SZ S. 158, vgl. Kockelmans 1985 S. 85) In den Vorlesungen WS 19/20 wurden

---

[55] Das paradigmatische Beispiel für den Umschlag des Seinsverständnisses ist die Gegenüberstellung der Aussage 'der Hammer ist zu schwer' der Aussage 'der Hammer ist schwer'. Während die erste Aussage auf die alltäglich Einstellung verweist, in der der Hammer als zuhandenes Zeug verstanden wird, deutet die zweite Aussage auf die theoretische Einstellung hin, in der sich der Hammer als vorhandener Gegenstand zeigt. Der Umschlag des Seinsverständnisses bedeutet daher ebenfalls den Umschlag der Seinsweise des betreffenden Dinges.

die Zwischenstufen der Objektivation mit dem Begriff 'Kenntnisnahme' erfaßt. (GA 58 S. 110-120) Die Kenntnisnahme enthält nämlich eine gewisse Modifikation, „es werden faktisch erlebte Bedeutsamkeitszusammenhänge zwar expliziert" (GA 58 S. 111), der Grundstil der faktischen Erfahrung bleibt doch erhalten (vgl. a.a.O. S. 114); „wenn wir es 'letzlich' formulieren, es ändert sich faktisch die Weise des Erlebens." (a.a.O. S. 116)[56] Im weiteren wird die Entstehung der theoretischen Einstellung als Radikalisierung der Kenntnisnahme beschrieben. (a.a.O. S. 120-128)

Heidegger hat es auch an anderen Stellen versucht, die Übergangsstadien zu charakterisieren. Die Ausdrücke 'Überlegung' und 'Übersicht' in *Sein und Zeit* sind aus diesem Grunde eingeführt werden. (SZ S. 359) Die sich im Schema 'wenn-so' bewegende, umsichtige Überlegung bezieht sich nämlich auf das Zuhandene, und insofern behält sie den ursprünglichen Bedeutungszusammenhang, aber diese Erhellung „dieser oder jener Mittel, Wege, Umstände, Gelegenheiten" und damit der jeweiligen faktischen Lage des Daseins trägt doch eine solche Veränderung der Einstellung in sich, deren Analyse demnach „die daseinsmäßige Situation des Umschlags vom umsichtigen Besorgen zum theoretischen Entdecken verdeutlicht." (SZ S. 360)

Nach dem oben Gesagten ist es einzusehen, daß die durch den Ausdruck 'Umschlag' angedeutete, schnelle, grundlegende Wandlung nur scheinbar im Gegensatz zu den Übergangsstadien steht. Die von Heidegger analysierten Übergangsformen zeigen in die Richtung der theoretischen Einstellung hin, sie sind jedoch gleichzeitig selbstständige Weisen des faktischen Lebens, bzw. des menschlichen Daseins. Sie haben also einen beleuchtenden Sinn in der Erörterung, aber es handelt sich nicht darum, daß man nach Heidegger diese Übergangsformen bei der Einstellungswandlung unbedingt begehen sollte.

Der wichtigste Charakterzug der theoretischen Einstellung besteht gewiß in ihrer Objektivierung. „Wissenschaft ist Erkenntnis; Erkenntnis hat Objekte, Gegenstände. Sie stellt fest, objektiv fest." – hat Heidegger 1919 geschrieben. (GA 56/57 S. 76) Im nächsten Semester hat er die Dinglichkeit als die Leitidee der Wissenschaft bestimmt. (GA 58 S. 126 ff.) In Sein und Zeit betont er es auch, daß die wissenschaftliche Thematisierung objektiviert. (SZ S. 363) In den Vorlesungen WS 27/28, die den ausführlichsten Wissenschaftsbegriff dieser Schaffensepoche enthalten, wurde formuliert: „Wir nennen das Verhalten, dadurch sich wissenschaftliches Verhalten als solche konstituiert, die Vergegenständlichung." (GA 25

[56] Denken wir z.B. an einen Bericht; sein Ziel ist eine Bewahrung und Vermittlung des Bedeutungszusammenhangs, der Berichterstatter tritt jedoch aus dem ursprünglichen Zusammenhang heraus, und seine Einstellung richtet sich auf die Schilderung und Verfestigung des aktuellen Ereignisses als relativ Ganzes. „Damit leistet die Kenntnisnahme eine ausdrückliche *Gestalt*gebung. *Sie expliziert einen Zusammenhang, den das faktische Erfahren selbst nicht kennt, für den es gar kein Organ hat.*" (GA 58 S. 118)

S. 26) Die Vergegenständlichung charakterisiert die Entgegenstellung des Seienden; die Bestimmung des entgegenstehenden Seienden vollzieht sich durch „Unterscheiden, Abgrenzen, und in eins damit ein die Zusammengehörigkeit der Bestimmtheiten Sichtbarmachen". (a.a.O. S. 27) „Das Wesen der Vergegenständlichung liegt im ausdrücklichen Vollzug des Seinsverständnisses, in dem die Grundverfassung des Seienden verständlich wird, das Gegenstand werden soll." (a.a.O. S. 28)[57]

Bezüglich der Wissenschaftsauffassung Heideggers ist es höchst bedeutungsvoll, daß sich weder die Strukturen der Alltäglichkeit, die neutrale Verfassung des In-der-Welt-seins, *noch die objektivierende Einstellung selbst* durch das Schema 'Subjekt-Objekt' interpretieren lassen. Heidegger formuliert es in der Vorlesung von 1925 eindeutig: es wäre falsch, die Erkenntnis so zu verstehen, als ob das erkennende Subjekt aus seiner inneren Sphäre zum Objekt hinauskäme, um dann mit seiner Beute in sein 'Gehäuse' zurückzukehren. (vgl. GA 20 S. 215 ff., 221, SZ S. 60 ff.) Das Dasein ist auch dann von vornhinein draußen, wenn es sich in objektivierender Weise zu dem Seienden verhält. (Ga 20 S. 221, SZ S. 62) *„Erkennen ist eine Seinsart des In-Seins."* (GA 20 217, vgl. J. Richardson 1986 S. 98-113)

Durch den die theoretische Erkenntnis zustande bringenden Umschlag der Einstellung wird dementsprechend die Grundstruktur des Daseins, das In-der-Welt-sein nicht wesentlich verändert. Die Bedeutung dieser These tritt bei den Heideggerschen Begriffen 'Entlebung', 'Entdeutung', 'Entgeschichtlichung' und 'Entweltlichung' offensichtlich zu Tage. Diese Begriffe charakterisieren die objektivierenden Tendenzen der theoretischen Einstellung. 1919 hat er formuliert: *„Was ist das Theoretische und seine mögliche Leistung?* Das Problem der Realität und Objektivität führt auf ein prinzipielles." „Wird nun der eigentliche Sinn des Umweltlichen, sein Bedeutungscharakter, gleichsam ausgehoben, dann ist das bereits als gegeben Hingestellte zum bloßen Ding verblaßt. [...] Dieser Prozeß der fortschreitenden zerstörender theoretischen Infizierung des Umweltlichen ist phänomenal genau verfolgbar, z. B. eine Reihe: Katheder, Kiste, braunfarbig, Holz, Ding. [...] Das Ding ist bloß noch da als solches, d. h. es ist real, es existiert. Realität ist also keine umweltliche Charakterisierung, sondern eine im Wesen der Dinghaftigkeit liegende, eine spezifisch theoretische. Das Bedeutungshafte ist ent-deutet bis auf diesen Rest: Real-sein. Das Umwelt-erleben ist ent-lebt bis auf den Rest: ein Reales als solches erkennen. Das historische Ich ist ent-geschichtlicht bis auf einen Rest von spezifischer Ich-heit als Korrelat der Dingheit". (GA 56/57 S. 88 f.)

---

[57] Zur Interpretation des objektivierenden Charakters der theoretischen Einstellung siehe: Bast 1986 S. 169 f., 184 f., Kockelmans 1985 S. 122-129

Die 'Befindlichkeit' dieser Ausdrücke 'Zerstörung', 'Infizierung'[58] erinnert an die kritische und häufig einseitige Anmerkungen des späten Heidegger, und die Frage, ob die theoretische Einstellung und die Uneigentlichkeit für Heidegger schon in diesem Zeitraum verbunden sind, scheint unumgänglich zu sein.[59] Auf diese Frage werden wir in den Kapiteln des vierten Abschnitts noch zurückkommen. An dieser Stelle reicht es, nur auf einen Aspekt hinzuweisen. Heidegger untersucht die theoretische Einstellung nur insofern bzw. darum, weil er darin den Rivalen seiner eigenen Zugangsart sieht. So wird diese Einstellung von der Frage her erörtert, inwiefern sie untauglich ist, das faktische Leben, oder das menschliche Dasein zu erfassen, inwiefern sie den Weg dazu verschließt.[60] Heidegger gibt inzwischen jedoch eine ziemlich komplexe Charakterisierung der Wissenschaften, deren Bedeutung die obige Entgegensetzung weit übersteigt.

Werden die obigen Heideggerschen Gedankengänge auf die positive Charakterisierung der Wissenschaften hin interpretiert, so müssen wir entscheiden, wie der entdeutende, entlebende, entgeschichtlichende und entweltlichende Charakter der Wissenschaften damit in Einklang zu bringen ist, daß von Heidegger die theoretische Einstellung als ein Ausdruck des faktischen Lebens, bzw. eine Weise des In-der-Welt-seins verstanden wird.

Um dieses Problem zu lösen, müssen wir die verschiedenen Schichten der Heideggerschen Begrifflichkeit voneinander getrennt werden. Die objektivierende Einstellung darf nach Heidegger mit Hilfe der Subjekt-Objekt-Dichotomie nicht interpretiert werden, sondern nur als eine Modifikation des In-Seins.[61] Die Tendenzen der Entlebung, bzw. Entweltlichung betreffen nicht den Charakter der theoretischen Einstellung als eine Weise des faktischen Lebens, bzw. des In-der-Welt-seins; d.h. *wir können eine tiefere Schicht absondern, die als faktisches Leben, bzw. als In-der-Welt-sein jene Schicht gleichsam trägt, wo sich die Entlebung, bzw. Entweltlichung abspielen. Diese Auslegung löst die Spannung dieses Beziehungszusammenhangs freilich nicht, sondern versucht die spannungsvolle Beziehung strukturell anzuordnen.*

Die Entstehung der theoretischen Einstellung ist unter anderem durch den Begriff

---

[58] Hogemann hebt 'die Ertötung der Rhytmik des Lebens' hervor, um das Phänomen der Ent-lebung zu verdeutlichen. (Hogemann 1986/87 S. 62)

[59] Von der zweiten Hälfte der 30-er Jahre an sind die Seinsvergessenheit, Seinsverlassenheit, Betriebsamkeit für Heidegger eindeutig die Wesenscharakterzüge der Wissenschaften. (vgl. GA 65 S. 141-159, GA 5 S. 75-113)

[60] Heidegger spricht mit Augustinus und Pascal wie folgt: „Alles Erkennen ist nur Aneignung und Vollzugsart des schon durch andere primäre Verhaltungen Entdeckten. Erkennen hat gerade eher nur die Möglichkeit der Verdeckung des ursprünglich im nicht erkennenden Verhalten Entdeckten." (GA 20 S. 222)

[61] Die Tendenz der Objektivation, die offensichtlich die strenge Unterscheidung zwischen der Objektivität und der Subjektivität erzielt, geht in entgegengesetzte Richtung, als die des Grundsinns des In-Seins, der die Einheitlichkeit des In-der-Welt-seins, die Ursprünglichkeit des Draußen-seins von Dasein festsetzt.

'Situationsumbildung' charakterisiert. Dieser Begriff verweist darauf, daß die Unterscheidung zwischen der tieferen und der oberflächlicheren Schicht nicht genügend ist, die Tendenz der Entlebung, bzw. Entweltlichung soll vielmehr als eine Seite eines komplexen Prozesses betrachtet werden. Demgemäß enthält der vorherige Interpretationsentwurf zwei Schichten: die tiefere, grundlegendere Schicht ist die der Grundstrukturen des faktischen Lebens, bzw. die des In-der-Welt-seins, die *immerfort die bestimmende Basis für die Entstehung und die Tätigkeit der theoretischen Einstellung bedeuten.*[62] An der zweiten Schicht spielt sich die Wandlung, die Umstellung ab, die durch den objektivierenden Prozeß gekennzeichnet ist; *dieser Prozeß ist einerseits durch den Abbau des alltäglichen Bedeutungszusammenhangs, anderseits aber durch einen Aufbau eines neuen Beziehungssystems gekennzeichnet.*[63]

Der entscheidende Punkt in der durch die Situationsumbildung vollzogenen Beziehungsumstrukturierung ist: „All die reichen Bezüge zur Selbstwelt sind unterbrochen: im wissenschaftlichen Ausdruckszusammenhang ist das lebendige, fließende Leben 'irgendwie' erstarrt (oder steht in einer ganz anderen Form des Lebens)." (GA 58 S. 77, vgl. 69 f.) Der Bedeutungszusammenhang der in der Alltäglichkeit gegebenen Welt ist dadurch gekennzeichnet, daß er in seiner Beziehung auf das Selbst eine zentrale Struktur hat. Ausdrücke, wie 'die Zugespitztheit des faktischen Lebens auf die Selbstwelt', bzw. 'Worum-willen', weisen auf diesen Zusammenhang hin. Das wichtigste Organisationsprinzip des objektivierenden Prozesses besteht darin, daß die neuen Beziehungszusammenhänge nicht mehr um das Leben bzw. Dasein zentriert werden, sondern das zu untersuchende Ding zum Zentrum wird. „Das *wissenschaftliche* Erkennen aber ist dadurch bestimmt, daß sich das existierende Dasein als frei gewählte Aufgabe die Enthüllung des schon irgendwie zugänglichen Seienden *um seines Enthülltseins willen* vorsetzt." (GA 25 S. 26) Die 'Worum-willen' Struktur bezieht sich daher bei der theoretischen Einstellung nicht mehr auf das Dasein, wie dies in der Alltäglichkeit der Fall war,[64] sondern auf die Entdeckung des zu untersuchenden Seienden.[65]

[62] In *Sein und Zeit* schreibt Heidegger: An der Alltäglichkeit „sollen nicht beliebige und zufällige, sondern wesenhafte Strukturen herausgestellt werden, die jeder Seinsart des faktischen Daseins sich als seinsbestimmende durchhalten." (SZ S. 16 f.)

[63] Heidegger verwendet an einer Stelle bezüglich der Genesis der Wissenschaften den durch Husserl bekannt wordenen Begriff 'Sinngebung'. (GA 58 S. 70) Im Unterschied davon wird aber im sogenannten Natorp-Bericht von einer „bedeutsamkeitsverarmten Gegenständlichkeit der Natur" (PIA S. 242) gesprochen, d.h. die theoretische Sinngebung soll demgemäß einen engeren, ärmeren Bedeutungsraum bilden, als welcher die ursprüngliche Lebenswelt charakterisiert.

[64] „Das 'Um-willen' betrifft aber immer das Sein des *Daseins*, dem es in seinem Sein wesenhaft *um* dieses Sein geht." (SZ S. 84)

[65] Bei Dilthey heißt es: „Wir bemächtigen uns dieser physischen Welt durch das Studium ihrer Gesetze. Diese Gesetze können nur gefunden werden, indem der Erlebnischarakter unserer Eindrücke von der Natur, der

Die Begriffe 'Entlebung' und 'Entweltlichung' beziehen sich m.E. auf diesen Moment. Die theoretische Einstellung hebt die Um-sich-selbst-Zentriertheit des faktischen Lebens durch die Einführung der neuen Ordnung der Objektivität auf, und sie zerstört dadurch die vertrauten Bedeutungszusammenhänge, die 'um unsertwillen' gegeben sind. Heidegger schreibt über die Theoretisierung der Räumlichkeit: „die Welt geht des spezifisch Umhaften verlustig, die Umwelt wird zur Naturwelt. [...] Der homogene Naturraum zeigt sich nur auf dem Wege einer Entdeckungsart des begegnenden Seienden, die den Charakter einer spezifischen *Entweltlichung* der Weltmäßigkeit des Zuhandenen hat." (SZ S. 112) Infolge der objektivierenden Theoretisierung verschwindet das spezifisch Umhafte.
Aus diesem Zitat ergibt sich, daß die Entweltlichung nicht absolut ist: die Umwelt wird zur Natur*welt*. Dieser Umstand fügt sich gut in unser früher vorgezeichnetes Auslegungsschema hinein: einerseits kann die neue Beziehungsganzheit, selbst wenn sie ärmer ist, als eine Welt betrachtet werden; anderseits ist es selbstverständlich, daß die theoretische Einstellung als eine Weise des In-der-Welt-seins über eine spezifische Welt verfügt.
Die Vorlesungen, gehalten unter dem Titel „Über das Wesen der Universität und des akademischen Studiums" 1919,[66] knüpfen sich eng an dieses Problem an. Bei der Erörterung der Genesis der theoretischen Einstellung spricht Heidegger über den Umschlag, die früher analysierte Kenntnisnahme schlägt ja in die theoretische Einstellung um. „Neues Verhalten: kenntnisnehmendes *Fragen* nach den möglichen Weisen und der Erfassung des Zusammenhangs. Damit eine neue Disposition geschaffen, daß das Kenntnisnehmenwollen sich umgestaltet in ein Wissenwollen. Vorahnend eine neue Welt mit neuem Inhalt. Neues mögliches Verhalten zu dieser neuen Welt." (GA 56/57 S. 213) Es handelt sich hier eindeutig um eine neue *Welt* des Theoretischen. Etwas später fährt Heidegger fort:
„Zurückgang auf die *Genesis des theoretischen Verhaltens*. Die Entwicklung des Bewußtseins zum theoretischen Erleben ist mit *drei Labilitäten* behaftet.

1. *Labilität gegenüber dem umweltlichen Erleben*. Forderung der 'ewigen Jugend' des theoretischen Menschen. Immer von neuem Zurückgehen in den Ursprung, erste Spontaneität. Daher rührt ein Schwanken zwischen umweltlichem und theoretischem Leben und ein Leiden unter ihrem Gegensatz.

Zusammenhang, in dem wir, sofern wir selber Natur sind, mit ihm stehen, das lebendige Gefühl, in dem wir sie genießen, immer mehr zurücktritt hinter das abstrakte Auffassen derselben nach den Relationen von Raum, Zeit, Masse, Bewegung. Alle diese Momente wirken dahin zusammen, daß der Mensch sich selbst ausschaltet, um aus seinen Eindrücken diesen großen Gegenstand Natur als eine Ordnung nach Gesetzen zu konstituieren. Sie wird dann dem Menschen zum Zentrum der Wirklichkeit." (Dillthey 1958 S. 82 f.)

[66] Wir besitzen nur die Nachschrift Oskar Beckers über diese Vorlesungen, der leider nicht an jeder Vorlesung teilgenommen hatte. (GA 56/57 S. 205-214, 217)

2. Gefahr der *Absplitterung von den übrigen Erlebniswelten* (Kunst, Religion, Politik etc.). Schon auf der Stufe der Kenntnisnahme beginnt dieser Gegensatz der Erlebniswelten; er muß 'stillgelegt' werden.

3. *Gegensatz zwischen erkenntnisnehmendem und forschendem Bewußtsein*, zwischen der höheren Rezeptivität und der Produktivität. *Kritisches Bewußtsein:* Das Tradierte verliert den Traditionscharakter, es soll nun erlebt werden; echtes Fragen.

Diese Labilitäten sind notwendig. Sie müssen durch die Methode nicht vermieden werden." (a.a.O. S. 214)
Für unserer Untersuchung sind besonders der erste und der dritte Punkt von Belang. Im ersten Punkt wird klar umrissen, daß Heidegger die Genesis der theoretischen Einstellung nicht als einen abgeschlossenen Prozeß betrachtet, sondern in der ursprungswissenschaftlichen Zugangsart das Entsprungene nur zusammen mit dem Ursprung *verstanden werden* kann und *soll. Die Ursprungsbasis ist also immerfort anwesend, sie wirkt im Entsprungenen nach, und zwar auch dann, wenn die entsprungene Verhaltensweise in gewissen Tendenzen ihr gegensätzlich ist.* Die theoretische Einstellung kann sich freilich weit von ihrem Ursprung, von der ersten Spontaneität entfernen; *die 'ewige Jugend' der theoretischen Menschen stellt vielmehr eine Anforderung, d.h. eine zu verwirklichende Möglichkeit, jedoch keine festgesetzte Verhaltensweise dar.* Der Ausdruck 'Labilität' zeigt es gut an, daß *es sich hier* für Heidegger *um einen Bewegungsraum handelt, der durch die Entfernung vom Ursprung vorgezeichnet wird, und die Bewegung, die Labilität in diesem Raum sowie das Leiden unter dieser Labilität notwendige Momente sind.* Dieser Bewegungsraum soll eigentlich als die Möglichkeit der Bedingung der Labilität angesehen werden, der Bewegungsraum selbst konstituiert das spannungsvolle Verhältnis zwischen der Lebenswelt und der theoretischen Einstellung. Demgemäß arbeitet der Gelehrte in einem Möglichkeitsraum, dessen Endpunkte die Zuwendung zu bzw. die Abwendung von der Spannung zwischen der Lebenswelt und der theoretischen Einstellung ausmachen. Diese beiden Möglichkeiten werden von uns später mit der Eigentlichkeit bzw. Uneigentlichkeit der Wissenschaften in Beziehung gebracht.
Die im dritten Punkt untersuchte Labilität, die Spannung zwischen der Rezeptivität und der Produktivität, bzw. der Tradition und dem Tradierten, lenkt unsere Aufmerksamkeit auf den Begriff 'Entgeschichtlichung'. Zunächst soll geklärt werden, wie sich das Gegensatzpaar der Produktivität und Rezeptivität an das Begriffspaar der Tradition und des Tradierten anknüpft. Der Begriff 'Produktivität' erinnert an die produktive Logik, die die vorgängige Durchforschung eines Sachgebiets durch die Ausweisung und Begründung der Begrifflichkeit und

Methode vollzieht; sie begründet sozusagen eine Forschungstradition. Die Rezeptivität verweist auf eine passive Übernahme, die an die unkritische Übernahme der tradierten, öffentlichen Ausgelegtheiten in den späteren Heideggerschen Texten erinnert. Die Produktivität des Hervorbringens der Tradition wird daher in Gegensatz zu der Übernahme des tradierten Wissens gebracht. Der Begriff 'Entgeschichtlichung' bedeutet demnach, daß sich die ursprünglich aus der Lebenswelt entstandene Wissenschaft in einem verfestigten Schemasystem bewegt, das wenigstens seiner Tendenz nach ungeschichtlich ist. *Die Lebendigkeit und Geschichtlichkeit der produktiven Begründung der Forschungstradition steht im Gegensatz zur Ungeschichtlichkeit der schon gefestigten Strukturen der Objektivation.*

Das Verhältnis zu der Spannung zwischen der rezeptiven Übernahme des tradierten Wissens und der produktiven Traditionsschöpfung zeichnen einen analogen Möglichkeitsraum für den Gelehrten vor, wie dies bei der ersten Labilität der Fall war. *Es handelt sich hier um einen Bewegungsraum, der die Möglichkeitsbedingung einer mit dem Begriffspaar 'Eigentlichkeit' und 'Uneigentlichkeit' parallelen Dualität in sich trägt.*

3.2.2. Wissenschaft als Erkenntnis

Auf Grund des im vorigen Kapitel rekonstruierten Strukturzusammenhangs ist offensichtlich, daß die theoretische Einstellung nach Heidegger *erst* durch ihr komplexes Beziehungssystem zur Lebenswelt, bzw. dem alltäglichen In-der-Welt-sein zu interpretieren ist. Dieser Umstand gilt freilich freilich auch für das Problem des wissenschaftlichen *Erkennens*. Mit der ontologischen Sprache von *Sein und Zeit* formuliert: die Frage der wissenschaftlichen Entdeckung des Seienden ist in den allgemeineren Problemkreis eingebettet, in welcher Weise das menschliche Dasein als In-der-Welt-sein das Seiende entdeckt. Für die Rekonstruktion der Heideggerschen Auffassung der wissenschaftlichen Entdeckung ist es unerläßlich, das Problem der alltäglichen Entdeckung des Seienden vorherig zu erörtern. Demgemäß bezieht sich die erste Frage dieses Kapitels auf das letztere Problem: In welcher Weise geschieht die alltägliche Erfahrung und Entdeckung des Seienden nach Heidegger?

Heidegger formuliert in einem methodischen Paragraph von *Sein und Zeit* wie folgt: „Nicht zu viel, sondern zu *wenig* wird für die Ontologie des Daseins 'vorausgesetzt', wenn man von einem weltlosen Ich 'ausgeht', um ihm dann ein Objekt und eine ontologisch grundlose Beziehung zu diesem zu verschaffen.“ (SZ S. 315 f.) Der rechte Ansatz ist es demnach, die Seinsbeziehung zu den Dingen nicht nachträglich zu konstituieren, sondern sie im vorhinein vorauszusetzen. Die Voraussetzung wird hier nicht als theoretische Setzung verstanden, sondern vielmehr als eine Grundstruktur aufgefaßt, die die menschliche Erfahrung überhaupt ermöglicht.[67]

Die zur menschlichen Erfahrung *minimal* notwendige Grundstruktur ist freilich das In-der-Welt-sein. Die Struktur des In-der-Welt-seins erschöpft sich nicht darin, daß das menschliche Dasein eine Welt hat, die nach Heidegger ein Netz der Bedeutungszusammenhänge ist, sondern das innerweltliche Seiende gehört auch zu dieser Seinsstruktur. Gegen diese Interpretation kann man einwenden, daß Heidegger als die Strukturelemente des In-der-Welt-seins folgende Momente aufzählt: 1. die 'Welt' und Weltlichkeit, 2. „das *Seiende*, das je in der Weise des In-der-Welt-seins ist", und 3. das In-Sein als solches (SZ S. 53); das innerweltliche Seiende erwähnt er dagegen nicht, deshalb gehören sie nicht zur Struktur des In-der-Welt-seins. Auf diesen Einwand läßt sich folgendes antworten: 1. Den Ausdruck 'Welt' gebraucht Heidegger in Anführungszeichnen, was darauf verweist, daß dieser Terminus hier als ontischer Begriff verstanden wird, der sich auf das Seiende bezieht. (vgl. SZ S. 64 f.) 2. Heidegger analysiert den im Sinne der Bedeutungsganzheit genommenen Terminus 'Welt' in engem Zusammenhang mit dem innerweltlichen Seienden (vgl. SZ S. 66-88), so scheint es unvernünftig zu sein, sie voneinander zu isolieren. „Welt ist *mit dem Sein* des Daseins wesenhaft erschlossen; 'Welt' ist mit der Erschlossenheit von Welt je auch schon entdeckt." (SZ S. 203)

Bei der Untersuchung des Erkennens der Dinge soll man daher nach Heidegger vom Minimum ausgehen, daß das *Dasein* eine *Welt* hat, die als Bedeutungsganzheit eine Zugangsart zu dem *innerweltlichen Seienden* bedeutet. Diese Struktur stellt eine einheitliche Seinsverfassung dar, die jedes Element als notwendig hat, und man kann daher nur *innerhalb* dieses Rahmens über eine Modifikation der Erfahrung, oder über Wahrheit und Falschheit sprechen.

Bezüglich dieser einheitlichen Struktur taucht sofort die Frage auf, was für eine Beziehung zwischen der *Welt* als Zugangsart und dem *Sein* des innerweltlichen Seienden besteht. Auf den ersten Blick scheint es, als ob uns in dieser Hinsicht in den verschiedenen Heideggerschen Texten gegensätzliche Behauptungen begegnen. Der Gegensatz besteht darin, daß entweder die Zugangsweise der Seinsweise des Seienden gegenüber selbständig ist, oder die Sache genau umgekehrt steht. Einerseits betont Heidegger an vielen Texstellen, daß man das menschliche Dasein nicht als ein dingliches Seiendes, als ein Vorhandenes betrachten, und die Begrifflichkeit der überlieferten Ontologien nicht übernehmen darf, sondern man

[67] Den Begriff 'Voraussetzung' gebraucht Heidegger in analoger Weise und er erörtert ihn gründlicher im Paragraph 44. (SZ S. 227 f.)

eine der Seinsart des Daseins *entsprechende* Zugangsart finden soll: „die Zugang- und Auslegungsart muß vielmehr dergestalt gewählt sein, daß dieses Seiende sich an ihm selbst her zeigen kann.“ (SZ S. 16, vgl. noch 15, 24, 48 ff., 57 ff., 114 f.) Ferner formuliert Heidegger diesen Anspruch nicht nur bezüglich des Daseins, sondern auch allgemein: „Echte Methode gründet im angemessenen Vorblick auf die Grundverfassung des zu erschließenden ‘Gegenstandes’ bzw. Gegenstandsbezirkes. Echte methodische Besinnung – die von leeren Erörterungen der Technik wohl zu unterscheiden ist – gibt deshalb zugleich Aufschluß über die Seinsart des thematischen Seienden.“ (SZ S. 303, vgl. noch 10, 37) Diese methodischen Erwägungen weisen eindeutig darauf hin, daß sich die Zugangsweise nach der Seinsweise des Gegenstandes richten soll, und nicht umgekehrt. An anderen Stellen deuten aber die Heideggerschen Erörterungen an, daß sich mit der Veränderung der Zugangsweise auch die Seinsweise des Seienden verändern kann; so einem Gedankengang begegnet man dort, wo Heidegger die Modifizierung des zuhandenen Hammers zu vorhandenem Hammer beschreibt. (SZ S. 360 f., vgl. 154 f.) Der Umschlag des Seinsverständnisses bringt die Veränderung der Seinsweise des Seienden mit sich.

Auf der einen Seite steht demnach die Mannigfaltigkeit der Zugangsweisen, auf der anderen Seite steht aber die Mannigfaltigkeit der Seinsweisen; die Frage heißt dann, wie sich diese zwei Arten der Mannigfaltigkeit zueinander beziehen. Einer der wichtigsten Ansätze kann es sein, daß Heidegger den Sinn vom Sein unterscheidet, d.h. die Welt als Bedeutungszusammenhang vom Sein des Seienden. Den anderen unentbehrlichen Ansatz kann es bringen, daß die menschliche Erfahrung Heidegger nach nicht mit Hilfe der Begriffsstruktur der Subjekt-Objekt-Dichotomie erfaßt werden darf.

Den Begriff ‘Sinn’ erörtert Heidegger im Paragraph „Verstehen und Auslegung“. „Wenn innerweltliches Seiende mit dem Sein des Daseins entdeckt, das heißt zu Verständnis gekommen ist, sagen wir, es hat *Sinn*. Verstanden aber ist, streng genommen, nicht der Sinn, sondern das Seiende, bzw. das Sein. [...] *Sinn ist das durch Vorhabe, Vorsicht und Vorgriff strukturierte Woraufhin des Entwurfs, aus dem her etwas als etwas verständlich wird.* [...] Sinn ‘hat’ nur das Dasein, sofern die Erschlossenheit des In-der-Welt-seins durch das in ihr entdeckbare Seiende ‘erfüllbar’ ist. *Nur das Dasein kann daher sinnvoll oder sinnlos sein.*“ (SZ S. 151) Der Sinn ist es, aus dem her etwas als etwas verständlich wird. Demgemäß soll der Sinn als Horizont (vgl. SZ S. 1, 437) aufgefaßt werden, aus dem her das berührte Seiende für uns erschlossen wird. Wir haben früher das *verstandene* Sein als Beleuchtendes interpretiert. Der Sinn, bezogen auf das Sein des Seienden, beleuchtet das Seiende selbst, erschließt die Dimensionen, innerhalb deren das Seiende sich offenbaren kann. Der Ausdruck ‘erfüllbar’ verweist oben darauf, daß das Seiende nur im durch die Erschlossenheit zur Verfügung gestellten Raum ‘zu

Worte kommen', 'seine Rolle spielen', kann. Der Sinn, auf das *Sein* bezogen, erschließt immerhin diesen Raum für das Seiende als *Sein*sverständnis. „Wenn wir sagen: Seiendes 'hat Sinn', dann bedeutet das, es ist *in seinem Sein* zugänglich worden,. [...] Das Seiende 'hat' nur Sinn, weil es, als Sein im vorhinein erschlossen, im Entwurf des Seins, das heißt, aus dessen Woraufhin verständlich wird." (SZ S. 324.) Den Spielraum daher, innerhalb dessen die Erfahrung sich vollzieht, bilden das Sein des Seienden *und* der zu dem Dasein gehörige Sinn zusammen aus. Der Begriff 'Seinsverständnis' gewinnt an einem wichtigen Bedeutungsmoment, indem er die tiefe Aufeinanderbezogenheit des Seins und Sinns darstellt: *im Laufe der Erfahrung bilden das Sein des berührten Seienden und der zum Dasein gehörende Sinn einen einheitlichen Spielraum aus.*

Dieser *gemeinsame Spielraum*, den das Sein des betroffenen Seienden und der zum Dasein gehörende Sinn *als unreduzierbare, unableitbare und selbständige Momente* gemeinsam ausbilden, innerhalb dessen sich die Erfahrung des Seienden vollzieht, ist nach der Heideggerschen Auffassung noch *vor* der Dichotomie zwischen Subjekt und Objekt. Daher handelt es sich um ein der Subjekt-Objekt-Beziehung zugrunde liegendes Verhältnis, das sowohl das menschliche Dasein als In-der-Welt-sein wie auch das durch die Bedeutungszusammenhänge der Welt entdeckte Seiende umfaßt.

Auf der Beziehung zwischen dem Sein des Seienden und dem Sinn wird zuerst bei der Analyse der Umwelt in *Sein und Zeit* eingegangen. Hier wird das Sein des Zuhandenen, die Bewandtnis, vom die Welt bildenden Bedeutungszusammenhang klar unterschieden. „Der Seinscharakter des Zuhandenen ist die *Bewandtnis*. [...] Bewandtnis ist das Sein des innerweltlichen Seienden, darauf es je schon zunächst freigegeben ist." (SZ S. 84) Heidegger bedient sich auch jetzt des Beispiels des Hammers, dessen Analyse es sich zeigt, daß er keine isolierte Bewandtnis darstellt, es handelt sich vielmehr um eine Bewandtnisganzheit. Mit der Struktur der Bewandtnisganzheit ist die der Bedeutsamkeit völlig symmetrisch.[68] Die Bedeutsamkeit „ist das, was die Struktur der Welt, dessen, worin Dasein als solches je schon ist, ausmacht. *Das Dasein ist in seiner Vertrautheit mit der Bedeutsamkeit die ontische Bedingung der Möglichkeit der Entdeckbarkeit von Seiendem, das in der Seinsart der Bewandtnis (Zuhandenheit) in einer Welt begegnet und sich so in seinem An-sich bekunden kann.*" (a.a.O. S. 87)

Die vollkommene Symmetrie zwischen den Strukturen der Bewandtnisganzheit und der Bedeutungsganzheit kann für die ganzen Problematik irreführend sein, denn das Sein des Hammers, wie es sich in anderen Heideggerschen Erörterungen

---

[68] Die völlige Symmetrie bedeutet, daß die Bezüge der Bewandtnis-, bzw. der Bedeutungsganzheit miteinander übereinstimmen; die Einleitung des Terminus 'Verweisungganzheit' kann gerade darauf abzielen, die Bewandtnisganzheit und die Bedeutungsganzheit mit einem Terminus zu erfassen.

herausgestellt hat, ist nicht nur Bewandtnis: entweder als Gegenstand einer wissenschaftlichen Untersuchung, oder als ein unbrauchbares Ding erweist sich der Hammer nicht als ein zuhandenes, sondern als ein vorhandenes Ding. (vgl. SZ S. 74 f.) Daher *mag je ein konkreter Bedeutungszusammenhang, je eine konkrete Zugangsart immer nur ein 'Stück' des Seins des Seienden zu erschließen, in den gemeinsamen Spielraum einzuziehen.*[69] Deshalb setzen sich die verschiedenen Zugangsweisen meistens mit den verschiedenen Seiten des Seins des Seienden in Verbindung. Ferner können wir dem Seienden erst dann begegnen, wenn wir sein Sein durch einen Bedeutungszusammenhang verstanden haben, d.h. den Spielraum der Erfahrung erschlossen haben. Mit anderen Worten: über das Sein des Seienden zu sprechen, ohne daß man den zum Dasein gehörenden Sinn betrachtet, ist ein Unding.

Die Beziehung zwischen der Mannigfaltigkeit der Seinsweisen und der der Zugangsarten läßt sich folgendermaßen beleuchten:

1. Wir können einem Seienden erst in dem erschlossenen Raum seines verstandenen Seins begegnen.[70]
2. Dieser erschlossene Raum entsteht als die gemeinsame Folge des Seins des Seienden und der betroffenen Zugangsweise.[71]
3. Eine Zugangsart kann nicht das Ganze des Seins des Seienden erschließen, sie kann nur eine gegebene Weise des Seins des Seienden zum Vorschein bringen und so das Seiende dazu bringen, sich in gewisser Weise zu zeigen.[72]
4. Eine gewisse Zugangsart ist nur zum Erschließen gewisser Seinsweisen geeignet, zum Erschließen anderer jedoch nicht.[73]
5. Es gibt keine äußere Position, von der her ein gegebenes Seiendes betrachtet werden könnte, ohne sich dabei in eine andere Zugangsweise hineinversetzen zu müssen.
6. Die Zugangsweisen selbst gehören dem Sein eines gewissen Seienden, des Daseins. (vgl. z.B. SZ S. 12, 88)

---

[69] Die Symmetrie der Bewandtnis- und Bedeutungsganzheit ist irreführend, weil sie den Eindruck erweckt, als ob ein Bedeutungszusammenhang das Ganze des Seins des Seienden *decken könnte.*

[70] Einem Photon können wir nur begegnen, seitdem die Bedeutungszusammenhänge der modernen Physik das Sein des Lichtes in dieser speziellen Weise erschlossen haben. Auch der mitteralterliche Mensch hat das Sein des Lichtes in gewisser Weise verstanden, z.B. als er am Licht einer Kerze gelesen hat, und er ließ es als ein zuhandenes Zeug zeigen, aber im strengen Sinne konnte er keinem Photon begegnen.

[71] „Mit dem Sein des Daseins und seiner Erschlossenheit ist gleichursprünglich Entdeckheit des innerweltlichen Seienden." (SZ S. 221, vgl. Kockelmans 1985 S. 102)

[72] So wird es verständlich, daß sich derselbe Hammer von der Zugangsart abhängend als Seiendes verschiedener Seinsweisen zeigt.

[73] Das Suchen nach der entsprechenden Zugangsart wird auf diese Weise sinnvoll; für die Manifestation des Menschen kann z.B. ein breiterer Spielraum erschlossen werden, wenn das Sein des Menschen als Dasein verstanden wird als wenn man es als einen dinglichen Gegenstand betrachtet.

7. Die Punkte 3., 4., 5. stellen die Endlichkeit der Zugangsweisen dar, der Punkt 6. deutet schon darauf hin, daß diese Endlichkeit dem menschlichen Dasein eigen ist.

Der Mannigfaltigkeit der Zugangsweisen hat daher für die Entdeckung des Seienden eine ausgezeichnete Bedeutung. Worin besteht nun diese Mannigfaltigkeit selbst? Die Mannigfaltigkeit der Zugangsweisen, bzw. die der Erschlossenheit des menschlichen Daseins wurde von Heidegger durch die Analyse des In-Seins entfaltet. Hier werden zwei Grundstrukturen des In-Seins, die Befindlichkeit und das Verstehen kurz analysiert. Diese beiden Grundstrukturen, zusammen mit der dritten, mit der Rede, sind gleichursprünglich. (SZ S. 161) Es bedeutet, daß es sich um *unableitbare Phänomene* handelt. (SZ S. 131) Dieses Moment ist außerordentlich wichtig, weil Heidegger durch diesen Begriff den pluralistischen Charakter der Erschlossenheit des menschlichen Daseins in Betracht zieht.
Der Befindlichkeitsbegriff Heideggers darf man nicht als einen psychologischen Terminus betrachten (SZ S. 134), es handelt sich vielmehr darum, daß sich in der Befindlichkeit das Sein des Daseins für sich selbst erschließt, und zwar durch die Erfahrung, daß das Dasein seinem Da überantwortet ist. „Diesen in seinem Woher und Wohin verhüllten, aber an ihm selbst um so unverhüllter erschlossenen Seinscharakter des Daseins, dieses 'Daß es ist' nennen wir die *Geworfenheit* dieses Seienden in sein Da, so zwar, daß es als In-der-Welt-sein das Da ist.“ (a.a.O. S. 135) Die Befindlichkeit erschließt daher unsere Geworfenheit in die Welt so, daß uns gerade das Enthülltsein des Wohin und Woher vermittelt wird. Diese Überantwortung besteht Heidegger nach darin, daß wir existieren, wir existieren müssen, ohne die Zeit, den Ort, wann und wo wir geboren sind, die Traditionen, die Sitten, die Sprache, in die wir hineingewachsen sind, selbst zu wählen. Wir sind zu sein, wir müssen mit dem 'Rohstoff' arbeiten, den wir erhalten haben, ohne ihn zu wählen. Die Geworfenheit ist ferner dadurch charakterisiert, daß wir in die öffentlichen Ausgelegtheiten, Weltinterpretationen hineingewachsen sind, deren Ursprünge uns verhüllt bleiben, und diese Ausgelegtheiten bestimmen unsere Entscheidungen, ohne daß wir ein Verhältnis zu ihnen hätten, wodurch wir sie als eigene ansehen könnten.
Die Befindlichkeit erschließt nicht nur das Dasein für sich selbst, sondern sie spielt auch in der Entdeckung des Seienden eine konstitutive Rolle. Heidegger versucht die Rolle der Befindlichkeit mit Hilfe des Begriffes 'Angänglichkeit' zu ergreifen. Das innerweltliche Seiende betrifft uns auf bestimmte Weise, und gerade diese Angänglichkeit beeinflußt die Weise, wie dieses Seiende für uns enthüllt wird. Die Angänglichkeit wurzelt in der Befindlichkeit, ein Seiendes kann uns z.B. in der Befindlichkeit des Fürchtens als Bedrohliches angehen. (SZ S. 137, vgl. noch §. 30) Die Furcht ist daher eine besondere Offenheit, die durch die

Angänglichkeit des Daseins jene Seite des innerweltlichen Seienden entdeckt, die durch andere Befindlichkeit nicht enthüllt werden könnte.[74] Allgemein gesprochen: *„In der Befindlichkeit liegt existenzial eine erschließende Angewiesenheit auf Welt, aus der her Angehendes begegnen kann."* (SZ S. 137 f.)
Nicht einmal selbst die theoretische Einstellung selbst ist frei von der Befindlichkeit: „Theoretisches Hinsehen hat immer schon die Welt auf die Einförmigkeit des puren Vorhandenen abgeblendet, innerhalb welcher Einförmigkeit freilich ein neuer Reichtum des im reinen Bestimmen Entdeckbaren beschlossen liegt. Aber auch die reinste theoria hat nicht alle Stimmung hinter sich gelassen; auch ihrem Hinsehen zeigt sich das nur noch Vorhandene in seinem puren Aussehen lediglich dann, wenn sie es im ruhigen Verweilen bei ... [...] auf sich zukommen lassen kann." (a.a.O. S. 138)[75]
Auch das Verstehen stellt eine der Grunddimensionen der Erschlossenheit dar. Das Verstehen steht in erster Linie mit jenen Vermögen vom Menschen in Beziehung, mit dessen Hilfe es seine Probleme lösen kann, einer Sache gewachsen wird. (SZ S. 143) Die Bewandtnis, daß das menschliche Dasein die Welt und sich selbst versteht, bedeutet zunächst für Heidegger, daß es sich in den vesrchiedensten Situationen adäquat verhalten kann. Der Mensch vermag mit Hilfe eines gegebenen, kulturellen Hintergrunds, einer Bildung seine Probleme zu lösen, sich zu behaupten, einfach zu existieren. Das Verstehen ist daher Sein-können. (SZ S. 143) „Dasein ist je das, was es sein kann und wie es seine Möglichkeit ist." (ebd.) Das Sein des Menschen erschöpft sich nicht in jenen Arten, die ihn aktuell charakterisieren, sondern machen es die Vermögen und Seinkönnen aus, die in den verschiedensten Situationen hervorgerufen werden können.
eidegger faßt die Möglichkeit als „die ursprünglichste und letzte positive ontologische Bestimmtheit des Daseins und das Verstehen „als erschließendes Seinkönnen" auf. SZ S. 143 f.) *Das Dasein als Möglichsein existiert* – unter anderem – *gerade als die Mannigfaltigkeit der Zugänge zu dem Seienden*; das faktische Seinkönnen und die Erschlossenheit des Daseins bedeutet auch die Entdeckung des Seienden.
Der Umstand, daß das Dasein als Seinkönnen, bzw. als In-der-Welt-sein-können existiert, hat zur Folge, daß das Dasein das Seiende in Hinsicht auf seine Möglich-

---

[74] Man denke daran, daß Hitchcock mit den Mitteln des Films so eine Stimmung zu erwecken vermag, in der auch ein Glas Milch als bedrohlich erscheinen kann. Diese Möglichkeit läßt sich mit folgendem Heideggerschen Satz gut interpretieren: „Die Umsicht sieht das Furchtbare, weil sie in der Befindlichkeit der Furcht ist. Das Fürchten als schlummernde Möglichkeit des befindlichen In-der-Welt-seins, die 'Furchtsamkeit', hat die Welt darauf hin erschlossen, daß aus ihr so etwas wie Furchtbares nahen kann." (SZ S. 141) Der Regisseur kann durch die Beleuchtung, die Wahl der Musik, die Kameraeinstellung eine Befindlichkeit erwecken, die das Dasein für das Bedrohliche eröffnet.

[75] Bemerkenswert ist der Vorschlag von Rouse, die Kuhnsche Problematik der wissenschaftlichen Krise mit Hilfe des Begriffs 'Befindlichkeit' zu interpretieren. (Rouse 1981 S. 277 f.)

keiten, Möglichkeitsbedingungen entdeckt. Die Welt ist nicht nur „als mögliche Bedeutsamkeit erschlossen, sondern die Freigabe des Innerweltlichen selbst gibt dieses Seiende frei auf *seine* Möglichkeiten. Das Zuhandene ist als solches entdeckt in seiner Dien*lichkeit*, Verwend*barkeit*, Abträg*lichkeit*. Die Bewandtnisganzheit enthüllt sich als das kategoriale Ganze einer *Möglichkeit* des Zusammenhangs von Zuhandenem. Aber auch die 'Einheit' des mannigfaltigen Vorhandenen, die Natur, wird nur entdeckbar auf dem Grunde der Erschlossenheit einer *Möglichkeit* ihrer. Ist es Zufall, daß die Frage nach dem *Sein* von Natur auf die 'Bedingungen ihrer *Möglichkeit'* zielt? [...] *Warum* ist nichtdaseinsmäßiges Seiendes in seinem Sein verstanden, wenn es auf die Bedingungen seiner Möglichkeit hin erschlossen wird?" (SZ S. 144 f.)
Der Möglichkeitscharakter des Daseins bestimmt auch die Weise, wie die Natur als vorhandenes Seiendes entdeckt wird. Der echte Ursprung der Möglichkeit steckt im Dasein, sie stammt aus ihm, und deshalb kann das Seiende auf seine Möglichkeiten hin entdeckt werden. Genauer: *der gemeinsame Spielraum der Erfahrung ist auf den Möglichkeitscharakter des Daseins hin strukturiert.* Dieses Moment zeigt klar, wie tief die Entdeckung des Seienden nach Heidegger durch die Seinsstruktur des Daseins bestimmt ist, es handelt sich dabei auch hier eindeutig um die Entdeckung *des Seins der Natur*; das Sein des entdeckten Seienden spielt auch in der Ausgestaltung des Erfahrungsraums eine konstitutive Rolle. Wir haben schon behandelt, daß Heidegger das Phänomen der Geworfenheit an das der Befindlichkeit geknüpft hat. Durch die Erfahrung, die die Befindlichkeit erschließt, zeigt sich das Faktum für das Dasein, daß es das Sein nicht selbst gewählt hat, als das es zu sein ist. Der Begriff der Befindlichkeit wird allerdings nicht scharf vom Verstehen getrennt, gerade umgekehrt, es wird betont, daß „das Verstehen [...] immer befindliches" ist. (SZ S. 339, vgl. S. 142) Im Fall jedes Verstehens, so auch im Fall der Wissenschaft, ist also der für die Dinge erschlossene Bedeutungsraum von der aktuellen Befindlichkeit nicht unabhängig, sondern er beeinflußt ihre Richtungen, Angänglichkeiten und Verschlossenheiten konstitutiv.
Die Beziehung zwischen dem Verstehen und der Geworfenheit charakterisiert ferner, daß das Dasein in jene öffentlichen Ausgelegtheiten hineinwächst, die ihm die Tradition, die Gebräuche und die verschiedenen Formen des alltäglichen Mitseins anbieten. In diesem Fall stellt das Sein-können eine Gelassenheit zu den überlieferten, gegebenen Bedeutungszusammenhängen dar. Das Dasein „*bringt sein Da von Hause aus mit.* [...] „Dieses Da [ist] zunächst immer das Mit-da mit Anderen, d.h. das öffentlich orientierte Da". (GA 20 S. 350) Der Möglichkeitscharakter des Daseins bedeutet daher „nicht das freischwebende Seinkönnen im Sinne der 'Gleichgültigkeit der Willkür' (libertas indifferentiae)" (SZ S. 144), sondern er ist als faktischer Möglichkeitsraum gegeben, in dem das Dasein zu sein

ist. „Das Dasein ist ihm selbst überantwortetes Möglichsein, durch und durch *geworfene Möglichkeit.*“ (ebd.)

Das Verstehen wird für Heidegger in erster Linie jedoch nicht durch die Geworfenheit, sondern durch den Entwurf charakterisiert. Das Sein-können des menschlichen Daseins bedeutet nämlich auch, daß es Möglichkeiten entwerfen kann. Die existentiale Struktur des Verstehens nennt Heidegger den Entwurf. Der Entwurf erschließt die Welt auf die Zukunft hin. (SZ S. 336) Durch diese auf die Zukunft gerichtete, konstitutive Erschließung wird der Spielraum herausgebildet, innerhalb dessen das Dasein sich aktuell bewegen kann. „Der Entwurf ist die existentiale Seinsverfassung des Spielraums des faktischen Seinkönnens.“ (SZ S. 145) Die Beziehung zwischen den Phänomenen ‘Entwurf’ und ‘Welt’ wurde von Heidegger in der letzten Vorlesungen des Wintersemesters 1929/30[76] eingehend untersucht. Heidegger hat das Thesis erörtert: „‘*der Mensch ist weltbildend*’“. (GA 29/30 S. 397) Auf Grund langer Erörterungen versucht er den Weltbildungscharakter des Menschen in der Urstruktur des Grundgeschehens des Daseins zu erfassen. (ebd. S. 512) „Dieses Grundgeschehen erschöpft zwar nicht das, was wir mit *Weltbildung* meinen, aber gehört wesentlich dazu.“ (ebd.) Dieses Geschehen ist nach Heidegger dreifach gegliedert, und bedeutet folgendes: „Sich-entgegenhalten von Verbindlichkeit, Ergänzung, Enthüllung des Seins des Seienden.“ (ebd.)

Bei der Analyse des Raumöffnungscharakter des Daseins[77] wurde schon festgestellt, daß das Dasein als die Erschlossenheit des In-der-Welt-seins jenen Bedeutungsraum ausmacht, in dem sich das Seiende zeigen kann. Das ‘Sich-entgegenhalten’ bedeutet gerade das Konstituieren dieses Raumes; dieser erschlossene Erfahrungsraum stellt den Spielraum dar, innerhalb dessen der Mensch über Wahrheit und Falschheit, Entbergen und Verbergen entscheiden kann. (vgl. ebd. S. 492 f.) Auf diesem offenen Erfahrungsraum gründet sich die Möglichkeit der sich-binden-lassenden Zuwendung zum Seienden. (ebd. S. 496) Der Begriff ‘Verbindlichkeit’ bezieht sich auf jenes Geschehen, durch das sich die Bindung zum Seienden bzw. die Entbindung davon in dem offenen Raum der Erfahrung vollzieht. Bei diesem Geschehen zieht das Dasein das Seiende als maßgebendes in Betracht, und so bezieht es das in seinem Sein entdeckte Seiende als ein *selbsständiges, konstitutives Moment* in den Erfahrungsprozeß ein. Die Entdeckung des Seienden geschieht nicht auf isolierte Weise, sondern immer in Hinsicht auf den erschlossenen Bedeutungsraum. Der Begriff ‘Ergänzung’ verweist darauf, daß das Seiende sich immer auf ein Ganzes hin offenbart. (vgl. ebd. S. 501)

---

[76] Safranski sieht die Vorlesungsreihe des Wintersemesters 1929/30 für ein heimliches Hauptwerk an. (Safranski 1994 S. 226)

[77] Bei der Analyse des Seinsverständnisses (im Kapitel 2.2.)

Das Sich-entgegenhalten von Verbindlichkeit, die Ergänzung und die Enthüllung des Seins des Seienden machen jenes Grundgeschehen des Daseins aus, das nach Heidegger im wesentlichen durch den Entwurf bestimmt ist: *„Der Entwurf als Grundstruktur des genannten Geschehens ist die Grundstruktur der Weltbildung.* [...] *Entwurf ist Weltentwurf.*" (ebd. S. 526 f.) Die Weltbildung ist nach Heidegger die Ermöglichung des Möglichen selbst. „Der Entwurf *bindet* – nicht an das Mögliche und nicht an das Wirkliche, sondern an die *Ermöglichung*." (ebd. S. 528) „Der Entwurf und das Entwerfen ist [...] bindend-ausbreitend im Sinne des Vorhaltens eines Ganzen, innerhalb dessen sich dieses oder jenes Wirkliche als Wirkliches des entworfenen Möglichen verwirklichen kann." (ebd. S. 528 f.)
Der Entwurf als Weltbildung bewegt sich daher nicht auf der Ebene des Möglichen und Wirklichen, sondern auf der diese Ebene Ermöglichenden. Der Entwurf bildet so eine Welt, indem er eine Weite erschließt, die *jene Möglichkeitsdimensionen ermöglicht*, innerhalb deren sich die Bewegung des Daseins vollziehen kann, und – unter anderem – die Entdeckung des Seienden verwirklicht werden kann. „Weder die Möglichkeit noch die Wirklichkeit ist Gegenstand des Entwurfs – er hat überhaupt keinen Gegegnstand, sondern ist das *Sichöffnen für die Ermöglichung*." (ebd. S. 529.) Der Entwurf als der Motor der Weltbildung schafft Möglichkeitsdimensionen, innerhalb derer sich die Entdeckung des Seienden vollziehen kann. *Die Ermöglichung neuer Möglichkeitsgebiete, die Neugestaltung der Bindungsweisen zu dem Seienden, die Bildung neuer Bedeutungsräume beziehen sich eindeutig auf eine Dimension, bei der es sich nicht nur um die Entdeckung des Seienden in einem gegebenen Kontext handelt, sondern auch um die Bildung des Kontextes selbst.*[78]
Der Begriff 'Weltbildung' und die Frage nach der Entstehung neuer Bedeutungsräume verweist auf eine noch unerörterte Problemebene, namentlich darauf, daß sich die in der Entdeckung des Seienden eine konstitutive Rolle spielenden Zugangsweisen verschieben können; ihre Bewegung und Dynamik werfen weitere Fragen auf. Heidegger hält sich bei der Untersuchung des Wahrheitsbegriffs in *Sein und Zeit* schon auf dieser Problemebene auf.
Heidegger setzt der traditionellen, 'statischen' Auffassung der Wahrheit, nach der die Wahrheit – parallel zur Struktur der Subjekt-Objekt-Beziehung – in der Übereinstimmung des Urteils mit seinem Gegenstand liegt (SZ S. 214), seine 'dynamische' Wahrheitsauffassung[79] gegenüber. Genauer, er sieht die traditionelle Auffassung der Wahrheit in Hinsicht auf eine ursprünglichere Wahrheit als abkünftig

---

[78] Theodore Kisiel hat das Programm der Hermeneutik der naturwissenschaftlichen Entdeckung schon 1971 aufgeworfen und es mit der Philosophie Heideggers verbunden. (Kisiel 1971 S. 195-221)
[79] Ich habe diese Ausdrücke von Th. Kisiel entliehen. Kisiel stellt „the *dynamis* of truth *in via*" dem „*stasis* of truth once and for all" gegenüber. (Kisiel 1978 S. 166)

und deshalb als nur begrenzt gültig an. Der ursprüngliche, 'dynamische' Wahrheitsbegriff kann mit der Erschlossenheit des In-der-Welt-seins in Beziehung gebracht werden. (vgl. ebd. S. 220 f.) Früher haben wir betont, daß die Entdeckung des Seienden in einem Spielraum geschieht, den das Sein des Seienden und der Bedeutungsraum der Zugangsweise mitkonstituiert. Diese Struktur gründet sich auf dem *Seinsverhältnis* des menschlichen Daseins zu dem Seienden. In diesem Seinsverhältnis spielt das Dasein freilich eine ausgezeichnete Rolle, denn es verhält sich zu dem Seienden durch seine ursprüngliche Erschlossenheit auf entdeckende Weise. Heidegger knüpft dieses Entdeckend-sein an die ursprüngliche Ebene der Wahrheit. „Das Wahrsein als Entdeckend-sein ist wiederum ontologisch nur möglich auf dem Grunde des In-der-Welt-seins. Dieses Phänomen, in dem wir eine Grundverfassung des Daseins erkannten, ist das *Fundament* des ursprünglichen Phänomens der Wahrheit." (SZ S. 219, vgl. Kockelmans 1985 S. 97 f.)

„Wahrsein als entdeckend-sein ist eine Seinsweise des Daseins." (SZ S. 220) Diese Feststellungen bedeuten freilich nicht, daß das Dasein immer der Besitzer der Wahrheit sei, sondern es handelt sich um ein Seinsverhältnis, das eine Voraussetzung für jede Wahrheit *und* jede Falschheit ist. Diese grundlegende, *ermöglichende* Ebene steht jedoch mit der Wahrheit und Erschlossenheit in Beziehung, weil die Verschlossenheit und Verstelltheit nur auf Grund der Erschlossenheit denkbar sind. „Aber nur sofern Dasein erschlossen ist, ist es auch verschlossen; und sofern mit dem Dasein je schon innerweltliches Seiendes entdeckt ist, ist dergleichen Seiendes als mögliches innerweltlich Begegnendes verdeckt (verborgen) oder verstellt." (SZ S. 222)

Die 'dynamische' Auffassung der Wahrheit bekommt gerade bezüglich der Beziehung zwischen der Erschlossenheit und Verschlossenheit einen Sinn. Das im Grunde erschlossene Dasein verfügt über verschiedene, überlieferte Ausgelegtheiten, die den Zugang zu dem Seienden ebenso verschließen wie erschließen können. *Die Mannigfaltigkeit der Zugangsweise stellt daher für Heidegger auch die Mannigfaltigkeit der Verdeckungen und Verstellungen dar.*[80] Die Wahrheit können wir als Bewegung, als Konflikt der Zugangsweisen interpretieren, bei dem eine der Zugangsweisen die andere als verstellende aufweist. „Daher muß das

[80] „Das Aufgehen im Man bedeutet die Herrschaft der öffentlichen Ausgelegtheit. Das Entdeckte und Erschlossene steht im Modus der Verstelltheit und Verschlossenheit durch das Gerede, die Neugier und die Zweideutigkeit. [...] Das Seiende ist nicht völlig verborgen, sondern gerade entdeckt, aber zugleich verstellt; es zeigt sich - aber im Modus des Scheins. [...] Zur *Faktizität* des Daseins gehören Verschlossenheit und Verdecktheit." (SZ S. 222) Die Verschlossenheiten und die Verdecktheiten sind daher nach Heidegger im allgemeinen nicht total, sondern verstellend, d.h. sie erschließen auch einen Spielraum, innerhalb dessen die Dinge sich zeigen können, aber diese Zugangsweise erweist sich in Hinsicht auf eine ursprünglichere Erschlossenheit doch als eng, irreführend und verstellend. Es ist sehr wichtig, daß man den verstellenden Charakter einer Zugangsweise nur in Hinsicht auf eine andere, ursprünglichere feststellen kann.

Dasein wesenhaft das auch schon Entdeckte *gegen* den Schein und die Verstellung sich ausdrücklich zueignen und sich der Entdecktheit immer wieder versichern. [...] Die Wahrheit (Entdecktheit) muß dem Seienden immer erst abgerungen werden. Das Seiende wird der Verborgenheit entrissen. Die jeweilige-faktische Entdecktheit ist gleichsam immer ein *Raub*. Ist es Zufall, daß die Griechen sich über das Wesen der Wahrheit in einem *privativen* Ausdruck (a-letheia) aussprechen?“ (SZ S. 222) Der Heideggersche Wahrheitsbegriff, die Unverborgenheit läßt sich daher *auch* als Konflikt und Bewegung der verschiedenen Zugangsweisen auslegen.

Denken wir an den Punkt 5., nach dem es keine äußere Position geben kann, von der her man ein gegebenes Seiendes, oder eine gegebene Zugangsweise so betrachten könnte, ohne sich in eine andere Zugangsweise hineinzuversetzen. Die ‘dynamische’ Auffassung der Wahrheit kann mit diesem Gedanken in Beziehung gebracht werden, indem aus der prinzipiellen Unmöglichkeit einer äußeren, ‘göttlichen’ Position folgt, daß sich *die als Bewegung aufgefaßte Wahrheit durch das Ringen der endlichen Zugangsweisen vollzieht.*

Die Ergebnisse der sich auf die *alltägliche* Entdeckung des Seienden beziehenden Rekonstruktion ermöglicht es, aus dieser Perspektive her die *theoretische* Entdeckung des Seienden zu untersuchen. „Das Wesen der Vergegenständlichung liegt im ausdrücklichen Vollzug *des* Seinsverständnisses, in dem die Grundverfassung des Seienden verständlich wird, das Gegenstand werden soll.“ (GA 25 S. 28) Der Begriff ‘Seinsverständnis’ bezieht sich – nach unseren früheren Untersuchungen – auf jenen Erfahrungsspielraum, den zum Teil das Sein des betreffenden Seienden konstituiert und innerhalb dessen *dieses Seiende selbst* entdeckt wird. Heidegger schreibt dem Seienden diese Selbstständigkeit auch im Falle der *wissenschaftlichen* Entdeckung zu. In seiner oben zitierten Vorlesung spricht er in Bezug auf das wissenschaftliche Erkennen des Seienden über „ein freies Sichbinden an das zu enthüllende Seiende als solches“ (ebd. S. 26)[81], bzw. darüber, daß „der Kampf einzig auf das Seiende selbst gerichtet [ist] und einzig darauf, es seiner Verborgenheit zu entreißen und gerade dadurch ihm zu seinem Recht zu verhelfen, d.h. es als Seiende sein zu lassen, das an sich ist.“ (ebd.)

Diese Sätze sollen freilich nicht bedeuten, daß bei Heidegger in der wissenschaftlichen Entdeckung des Seienden *nur* das Seiende eine konstituente Rolle spielt. Heidegger hält den Begriff ‘Entwurf’ auch in Bezug auf die Auslegung der Wissenschaft für wichtig, und dieser Begriff bezieht sich gerade auf die Zugangsweise. „Der wissenschaftliche Entwurf des je schon irgendwie begegnenden Seienden läßt dessen Seinsart ausdrücklich verstehen, so zwar, daß damit die

---

[81] Die Ausdrücke wie ‘sich binden’, ‘Binden’ und ‘Verbindlichkeit’ sind in anderen Heideggerschen Texten auch wesentliche Begriffe für die Bestimmung der Wissenschaft. (vgl. FD S. 75, GA 5 S. 79, SZ S. 362 f.)

möglichen Wege zum reinen Entdecken des innerweltlichen Seienden offenbar werden. Das Ganze dieses Entwerfens, zu dem die Artikulation des Seinsverständnisses, die von ihm geleitete Umgrenzung des Sachgebietes und die Vorzeichnung der dem Seienden angemessenen Begrifflichkeit gehören, nennen wir die *Thematisierung.* [...] Die Thematisierung objektiviert." (SZ S. 363)[82] „Erst 'im Licht' einer dergestalt entworfenen Natur kann so etwas wie eine 'Tatsache' gefunden [...] werden. Die 'Begründung' der 'Tatsachenwissenschaft' wurde nur dadurch möglich, daß die Forscher verstanden: es gibt grundsätzlich keine 'bloßen Tatsachen'." (ebd. S. 362, vgl. GA 25 S. 31 f.) Das objektivierende, wissenschaftliche Erkennen bildet daher durch die Thematisierung, Vergegenständlichung des Seinsverständnisses und das Entwerfen des so thematisierten Seinsverständnisses jenen Spielraum,[83] innerhalb dessen allerdings das *Seiende selbst* seine Rolle spielt und das *Seiende selbst* entdeckt wird.

Das Seiende, das die theoretische Einstellung zum Gegenstand hat, beschreibt Heidegger durch den Begriff 'Vorhandenheit'. Die Verwendung dieses Begriffes ist aber in den Heideggerschen Texten nicht ganz eindeutig. Wie Bast festgestellt hat, taucht dieser Terminus grundsätzlich in zwei Gegensätzen auf, und er hat daher zwei verschiedene Bedeutungen. (Bast S. 107 f.) Einerseits bedeutet die Vorhandenheit – im Gegensatz zum Dasein – das Sein des nicht daseinsmäßigen Seienden. „Der Mensch existiert – Dinge der Natur sind vorhanden. [...] Ein materielles Naturding dagegen, ein Stein, oder ein Gebrauchsding wie ein Stuhl hat keine Welt, seine Seinsart ist bar jeden Verhaltens zu einer Welt. Dergleichen Seiendes ist lediglich vorhanden." (GA 25 S. 18 f., vgl. noch z.B. SZ S. 42 und Herrmann 1987 S. 103 f.) Anderseits taucht eine engere Bedeutung der Vorhandenheit im Gegensatz zu der Zuhandenheit auf.(vgl. SZ S. 61, 71-76, 360 f.) Das paradigmatische Beispiel der Entstehung der theoretischen Einstellung, die mit Hilfe der Aussagen 'der Hammer ist schwer' und 'der Hammer ist zu schwer' charakterisierte Umstellung der Einstellung ist mit dem zweiten Gegensatzpaar verbunden, aber die obigen Überlegungen haben gezeigt, daß der Begriff 'Vorhandenheit' umfassender ist als das Gebiet der Gegenstände der theoretischen Einstellung. Das Problem wird dadurch noch komplizierter, daß nach Heidegger „auch Zuhandenes zum Thema wissenschaftlicher Untersuchung und Bestimmung gemacht werden [kann], zum Beispiel bei der Erforschung einer Umwelt, des Milieus im Zusammenhang einer historischen Biographie." (SZ S. 361, Bast 1986 S. 146-149) Es scheint daher richtiger zu sein, daß die Entstehung der theoretischen Einstellung trotz des obigen paradigmatischen Beispiels eher an den objektivierenden Prozeß geknüpft wird, und nicht an die Seinsweise des Gegenstandes.

[82] Vgl. noch SZ S. 362, GA 25 S. 31 f., GA 5 S. 78 ff., Bast 1986 S. 154-162, Kockelmans 1985 S. 124-129

[83] „Der Entwurf eröffnet erst einen Spielraum, darin die Dinge, d.h. die Tatsachen, sich zeigen." (FD S. 71)

Diese paradigmatische Umstellung der Seinsweise ist aber für die Naturwissenschaften freilich ohne Beschränkung gültig. Der Objekt der Naturwissenschaften ist ein Vorhandenes. Es ist aber noch fraglich, in welchem Sinne Heidegger den Ausdruck 'Natur verwendet, und wie diese Verwendung mit dem Begriff 'Vorhandenheit' zusammenhängt.
Heidegger hat in einer Vorlesung des Wintersemesters 1925/26 folgendes gesagt: „Was gehört zu Natur überhaupt? Natur ist – phänomenologisch gefaßt – ein Seiendes, das in der Welt entdeckbar ist und von dem gesagt werden kann, daß es allen weltlichen Dingen und allen weltlichen Seinszusammenhängen, sofern sie durch Materialität bestimmt sind, zugrunde liegt, das also in jedem Ding der Welt vorfindlich ist. Natur als dieses Seiende ist nun in verschiedener Weise zugänglich." (GA 21 S. 314) Man würde jedoch Heideggers Intentionen mißverstehen, wenn man diesen zugrunde liegenden Seinszusammenhang für eine Realität hielte, aus der alles andere ableitbar ist. Er hat in einer seiner früheren Vorlesungen die Auffassung abgewiesen, daß „gerade dieses Vorhandene – die *Umwelt-Natur* – das Realste, die eigentliche Realität der Welt sei" und „die Weltnatur als Fundamentalschicht des Realen" anerkannt werden sollte. (GA 20 S. 270) Aus der Vorhandenheit, aus der Objektivität der Natur können die Bedeutungszusammenhänge der Weltlichkeit nach Heidegger nicht herausdestilliert werden. „Weil Natur das ist, was in den Umweltdingen selbst in der Umwelt besorgt ist und in diesem Besorgen begegnet, kann der Sinn von Weltlichkeit *nicht* aus bloßer Natur abgelesen werden. Die umweltlichen Verweisungen, in denen Natur weltlich primär anwesend ist, besagen vielmehr umgekehrt, daß *Naturrealität nur als Weltlichkeit zu verstehen ist.*" (GA 20 S. 271)
Die oben zitierten Heideggerschen Sätze stehen meiner Meinung nach mit dem früher ausgearbeiteten Auslegungsschema in Einklang. Nach diesem Schema kann auch die Entdeckung der Natur im durch das Sein des Seienden von der Natur und durch die gegebene Zugangsweise konstituierten Spielraum vorgestellt werden. Diese beiden konstituieren gemeinsam den Erfahrungsspielraum, und auf diese Weise kann man weder den Sinn der Realität noch den Sinn von Weltlichkeit aus der bloßen Natur ablesen, das Seiende von der Natur kann sich daher nur innerhalb eines Bedeutungszusammenhangs, einer Welt zeigen. Diese Auffassung bedeutet freilich nicht, daß das Seiende von der Natur nach Heidegger lediglich dann sei, wenn menschliches Dasein, und so Welt als Bedeutungszusammenhang existiert. Gerade umgekehrt: „Natur kann auch sein, ohne daß eine Welt ist, ohne daß Dasein existiert" (GA 24 S. 249) Die Natur ist, insofern das menschliche Dasein sie in irgendwelcher Form entdeckt, freilich innerweltliches Seiendes, „zum Sein des Vorhandenen, der Natur gehört [aber] *nicht* Innerweltlichkeit als eine Bestimmung seines Seins, sondern als eine *mögliche* Bestimmung, aber eine notwendige Bestimmung für die Möglichkeit der Entdeckbarkeit der Natur. Zur

entdeckten Natur, d.h. zum Seienden, sofern wir uns zu ihm als enthülltem verhalten, gehört es, daß es je schon in einer Welt ist, aber zum *Sein* der Natur gehört nicht Innerweltlichkeit." (GA 24 S. 240) Das Sein der Natur kann man sich ohne eine Begegnung mit menschlichem Dasein als von uns unabhängig vorstellen, wir können aber mit dem Seienden von der Natur und mit dessen Sein nur im 'Lichte' eines Bedeutungszusammenhangs in Beziehung treten. (vgl. noch GA 25 S. 19) Auf Grund dieser Auffassung kann man z. B. über die Gesetze Newtons nicht behaupten, daß sie ohne menschliches Dasein wahr seien. Diese Gesetze können nach unserem Interpretationsschema nur als die durch die geschichtlich bestimmten Zugangsmöglichkeiten des Daseins entdeckten Zusammenhänge des Seins der Natur ausgelegt werden. Die Zugangsweise ist daher ein konstitutives Element der Gesetze; „die Gesetze *Newtons* [...] sind nur solange wahr, als Dasein *ist*. Vordem Dasein überhaupt nicht war, und nachdem Dasein überhaupt nicht mehr sein wird, war keine Wahrheit und wird keine sein, weil sie als Erschlossenheit, Entdeckung und Entdecktheit dann *nicht* sein *kann*. [...] Die Gesetze wurden durch *Newton* wahr, mit ihnen wurde für das Dasein Seiendes an ihm selbst zugänglich." (SZ S. 226 f.) Mit diesem sagt Heidegger freilich nicht, daß z.B. die Planeten sich vor der Entstehung des menschlichen Geschlechtes nicht auf jene Weise bewegt haben, wie nachher, sondern daß die Gesetze Newtons in einem gemeinsamen Spielraum einer geschichtlichen Zugangsweise und des Seins der Natur konstituiert wurden. Ohne die Berücksichtigung dieser Zugangsweise ist es sinnlos, über diese Gesetze zu sprechen, wie ohne das Seiende, auf das sich diese Gesetze beziehen.

Kehrt man zur Beziehung zwischen den Begriffen 'Natur' und 'Vorhandenheit' zurück, so ist sie für Heidegger meiner Meinung nach in erster Linie ein Übersetzungsproblem. Heidegger versucht den überlieferten Begriff 'Natur' mit seinen eigenen Begriffen zu verbinden und die möglichen Zusammenhänge zu bezeichnen. So erklärt es sich, daß der Begriff 'Natur' in Heideggerschen Texten in verschiedenen Bedeutungen auftaucht. (vgl. Bast 1986 S. 150 ff., Vajda 1993 S. 83) Sie kann zuhanden sein, sofern der Erfahrungsspielraum durch die Bedeutungszusammenhänge der alltäglichen Umwelt konstituiert ist (vgl. z.B. SZ S. 70 f., GA 20 S. 269 f.), sie kann aber auch als ein Gegenstand der mathematischen Physik oder anderer Naturwissenschaft vorkommen (SZ S. 362). Es kann auch sein, daß „die 'Natur', die uns 'umfängt', zwar innerweltliches Seiendes [ist], aber weder die Seinsart des Zuhandenen noch des Vorhandenen in der Weise der 'Naturdinglichkeit'" zeigt (SZ S. 211), oder sie kann „Blumen am Rain" bedeuten, die mit den „Pflanzen des Botanikers" nicht identisch sind. (ebd. 70)[84]

---

[84] In *Sein und Zeit* kommt auch der kantische Begriff der Natur vor: „Natur ist – ontologisch-kategorial verstanden – ein Grenzfall des Seins von möglichen innerweltlichen Seienden." (SZ S. 65, vgl. 441)

Die Möglichkeit dieser vielen Bedeutungen kann wohl damit in Beziehung gebracht werden, daß Heidegger in seiner Daseinsanalytik die *Bedingung der Möglichkeit der Mannigfaltigkeit der Zugangsweisen* ausgearbeitet hat und diese Mannigfaltigkeit auch für die Entdeckung der Natur gültig ist, und zwar so, daß diese Mannigfaltigkeit der Zugangsweisen auf der anderen Seite auch die Mannigfaltigkeit des Seins der Natur bedingt, denn jede konkrete Entdeckung der Natur kann als Begegnung dieser beiden Mannigfaltigkeiten verstanden werden.[85]

3.2.3. Der Ursprung der Wissenschaft als Fundament

Unsere bisherigen Analysen bezogen sich auf das alltägliche In-der-Welt-sein und auf die strukturellen Bezüge und Erfahrungsmodi der sich daraus ergebenden theoretischen Einstellung. Die leitenden Fragen des vorliegenden Kapitels sind die folgenden: 1. Welche Rolle spielt die Philosophie in der Entstehung der wissenschaftlichen Erkenntnis? 2. Wie verknüpft sich die Frage nach dem Ursprung der Wissenschaften mit der Frage nach dem Grund der Wissenschaften? 3. Inwiefern kann die phänomenologische Analyse die Wissenschaften begründen und wie verhält sich diese Grundlegung zur Selbstbegründung der Wissenschaften? 4. Wie hängt die Frage nach der Krise der Wissenschaften mit der Frage nach der Begründung derselben zusammen?

Heidegger sucht den Ursprung der Wissenschaften, wie das den vorausgegangenen Analysen ersichtlich ist, in zwei verschiedenen Richtungen. Einerseits erblickt er ihn in der Lebenswelt oder in dem alltäglichen In-der-Welt-sein, andererseits in der Philosophie, die die Wissenschaftlichkeit einzig verbürgen kann. Diese beide Möglichkeiten schließen sich in Wahrheit nicht aus, sondern sind miteinander eng verbunden; das Bindenglied ist dabei die sogenannte konkrete bzw. produktive Logik.

In den frühen Freiburger Vorlesungen spricht Heidegger noch von konkreter Logik und verknüpft diese nicht mit der Philosophie, sondern mit den Wissenschaften (vgl. GA 58 S. 72-75, 208). Die konkrete Logik verwandelt durch ihre fachgemäße Arbeit den in der Lebenswelt gegebenen und aus ihr herausgeschnittenen Erfahrungsbezirk in ein Sachgebiet. Der Sinn des jeweiligen Sachgebiets bestimmt Art und Struktur der Begriffsbildung. Demnach kann die Art und Weise der Tätigkeit der konkreten Logik bei verschiedenen Fachdisziplinen jeweils eine andere sein. „Wissenschaft, konkrete Logik, schafft die Konkretion eines Sachge-

---

[85] Zu den Heideggerschen Begriffen 'Natur' und 'physis' siehe die Abhandlung von Mihály Vajda. (Vajda 1993 S. 72-87)

bietes in seiner theoretischen Struktur – eine merkwürdige Produktivität; nicht nur im Sinne einer Erschließung neuer Inhalte, sondern *Struktur*formen *erwachsen*:

1. Strukturformen der Sachverhalte;
2. Strukturformen der Begriffe;
3. Strukturformen des Begründungszusammenhangs;
4. Strukturformen der Ausweisung der Giltigkeit;
5. Strukturformen der typischen und letzten Erfaßbarkeit des so produktiv Herausstellten." (GA 58 S. 75)[86]

Der Begriff produktive Logik' taucht – meines Wissens – von 1923 ab in den Heideggerschen Texten auf,[87] und Heidegger charakterisiert ihn bereits mit einer stark ontologisch ausgerichteten Begrifflichkeit: Die produktive Logik springe in ein bestimmtes Seinsgebiet gleichsam vor, daß „es in seiner Seinsverfassung allererst erschließt und die gewonnenen Strukturen den positiven Wissenschaften als durchsichtige Anweisungen des Fragens verfügbar macht." (SZ S. 10) Die produktive Logik, die die „Grundlegung der Wissenschaften" (ebd.) vollzieht, wird bei Heidegger eindeutig als eine philosophische Tätigkeit aufgefaßt.
Die konkrete bzw. produktive Logik entwirft eigentlich die theoretische Welt, jene Bedeutungszusammenhänge und begrifflichen Strukturen, die den Zugang zum jeweiligen Gegenstand ermöglichen. Das menschliche Dasein beschreibt Heidegger als ein Welt entwerfendes Wesen, und den Entwurf der theoretischen Welt können wir als den einen möglichen Modus dieses Weltentwurfes bewerten. Der Entwurf, der ein „Weltentwurf" ist (GA 29/30 S. 527), spielt in der Beschreibung der Wissenschaft nicht von ungefähr eine entscheidende Rolle: Der wissenschaftliche Entwurf enthält eigentlich diejenigen Strukturen, die von der konkreten bzw. produktiven Logik ins Leben gerufen werden. (vgl. SZ S. 362 ff)
Heidegger faßt die produktive Logik in eine solche dreischichtige Struktur (Fachdisziplinen, produktive Logik bzw. Ontologie,[88] Fundamentalontologie), die das Verhältnis der Grundlegungszusammenhänge festhält. In *Sein und Zeit* formuliert

[86] Dieser Strukturzusammenhang erinnert in besonderem Maße an den existentialen Begriff der Wissenschaft - wie er etwa in *Sein und Zeit* beschrieben wird – : „Mit der grundbegrifflichen Ausarbeitung des führenden Seinsverständnisses determinieren sich die Leitfäden der Methoden, die Struktur der Begrifflichkeit, die zugehörige Möglichkeit von Wahrheit und Gewißheit, die Begründungs- und Beweisart, der Modus der Verbindlichkeit und die Art der Mitteilung. Das Ganze dieser Momente konstituiert den vollen existentialen Begriff der Wissenschaft." (SZ S. 362 f.)
[87] Vgl. GA 63 S. 108, GA 20 S. 2 ff, WDF S. 177 (Hier spricht Heidegger einfach von 'Logik'), SZ S. 10
[88] Das Wort 'produktive Logik' und der Begriff der die Wissenschaften begründenden 'Ontologien' sind praktisch gleichbedeutend. Heidegger verwendet auch den von Husserl übernommenen Begriff 'regionale Ontologien' in diesem Sinne (GA 25 S. 35 ff., vgl. Husserl 1950-52 I. S. 23 ff., S. 165 f., Kockelmans 1985 S. 102-113, W. Marx 1987 S. 12 f., S. 32, Bernet / Kern / Marbach 1989 S. 78 ff.).

Heidegger folgendermaßen: „Die Seinsfrage zielt daher auf eine apriorische Bedingung der Möglichkeit nicht nur der Wissenschaften, die Seiendes als so uns so Seiendes durchforschen und sich dabei je schon in einem Seinsverständnis bewegen, sondern auf die Bedingung der Möglichkeit der vor den ontischen Wissenschaften liegenden und sie fundierenden Ontologien selbst. *Alle Ontologie, mag sie über ein noch so reiches und festverklammertes Kategoriensystem verfügen, bleibt im Grunde blind und eine Verkehrung ihrer eigensten Absicht, wenn sie nicht zuvor den Sinn von Sein zureichend geklärt und diese Klärung als ihre Fundamentalaufgabe begriffen hat.* " (SZ S. 11)

Die Fundamentalontologie, diese Begründerin aller Ontologien und somit mittelbar auch der Fachdisziplinen, sei in der existenzialen Analytik des Daseins zu suchen (a.a.O., S. 13). Zu den Fundamenten der Wissenschaften können wir also letztendlich durch die Analytik des menschlichen Daseins, mithin durch die hermeneutische Phänomenologie des Daseins vordringen. Demnach sucht die *Fundamental*ontologie *den letzten Grund* der als Seinsmodus des menschlichen Daseins aufgefaßten Fachdisziplinen *in deren Ursprung* aufzufinden.

Wenn wir die Heideggerschen Texte aus der Zeit zwischen 1925 und -27 hinsichtlich der Grundlegung der Wissenschaften in Augenschein nehmen, fallen ein gewisses Schwanken und ein gedankliches Ringen mit dem Problem auf, inwiefern die Wissenschaften *selbst* in der Lage sind, den Grund ihrer selbst zu legen bzw. inwieweit sie dabei auf äußeres Zutun angewiesen sind.

In § 3 von *Sein und Zeit* beginnt Heidegger seinen Gedankengang mit der Feststellung, daß die verschiedenen Seinsbezirke wie z.B. die Geschichte, die Natur, der Raum, das Leben, das menschliche Dasein, die Sprache usw., zum Fachgebiet von durch Thematisierung und Vergegenständlichung bestimmten Wissenschaften gemacht werden können. „Wissenschaftliche Forschung vollzieht die Hebung und erste Fixierung der Sachgebiete naiv und roh. Die Ausarbeitung des Gebietes in seinen Grundstrukturen ist in gewisser Weise schon geleistet durch die vorwissenschaftliche Erfahrung und Auslegung des Seinsbezirkes, in dem das Sachgebiet selbst begrenzt wird. Die so erwachsenen 'Grundbegriffe' bleiben zunächst die Leitfäden für die erste konkrete Erschließung des Gebietes." (SZ S. 9)

Demnach wird die erste, noch akzentuiert vorläufige Begründung der Wissenschaft von der Wissenschaft selbst vorgenommen, in naiver und roher Art, mithin nicht anhand konsequenter methodischer Prinzipien, und sie stützt sich bei dieser vorbereitenden Arbeit auf vorwissenschaftliche Erfahrungen. Der Ausdruck 'vorwissenschaftlich' kann uns mit Recht verunsichern, Heidegger hat ja in seinem Vortrag *Der Begriff der Zeit* von 1924 unter dem Ausdruck 'Vorwissenschaft' eine bestimmte philosophische Tätigkeit verstanden, die unter anderem auch darüber mehr Auskunft gibt, ob sich die Wissenschaft in der Tat bei ihrem eigenen Gegenstand aufhält oder sich nur aus einem nur überlieferten, gleichwohl mittlerweile nicht mehr lebendigen Wissen speist (BZ S. 6 f.). Hier kann man aber aus dem Kontext sowie dem Umstand, daß die während dieser Tätigkeit entstehenden Grundbegriffe zwischen Anführungszeichen gesetzt sind,[89] darauf folgern, daß sich hier der Ausdruck 'vorwissenschaftlich' auf die alltägliche Erfahrung bezieht.[90] Dieser naiven und vorläufigen Fixierung entgegen ist die „echte Ausweisung und 'Begründung'" (SZ S. 10) der leitenden Grundbegriffe die Aufgabe jener produktiven Logik, die den Wissenschaften vorspringt. Das Verhältnis dieser beiden Begründungen zueinander kann anhand von *Sein und Zeit* nicht sicher erhellt werden.

Im Zusammenhang mit der produktiven Logik umreißt Heidegger 1925 drei Aufgaben der phänomenologischen Erschließungsarbeit: „Damit erst wird der Boden für Theorie der Wissenschaften geschaffen, d.h. erstens der Grundlegung ihrer Genesis aus der vortheoretischen Erfahrung, zweitens der Herausstellung der Art ihres Zuganges zur vorgegebenen Wirklichkeit und drittens der Bestimmung der in solcher Forschung erwachsenden Begriffsbildung" (GA 20 S. 2).

Im ersten Punkt des Zitats ist interessanterweise von *Begründung der Genesis selbst* die Rede, von der nicht einmal zu wissen ist, auf welche Genesis von den beiden in *Sein und Zeit* beschriebenen Genesen sie sich überhaupt bezieht: Geht es hier um die naive und in roher Weise durchgeführte Begründung durch die Wissenschaften oder aber um die von der produktiven Logik methodisch herausgearbeitete Begründung? Daß die vorwissenschaftliche Erfahrung erwähnt wird, macht allerdings die erste Möglichkeit wahrscheinlich. Worauf sich das Zitat auch immer bezieht, eins steht fest, in der Analyse erscheint ein neues Element, daß nämlich die Genesis selbst zu begründen sei.

Laut der einen möglichen Interpretation besteht die eigentliche produktive Logik in der phänomenologischen Untersuchung der von der vorwissenschaftlichen Erfahrung heraus in naiver und roher Weise durchgeführten Selbstbegründung der Wissenschaft – *die wahre Begründung der Wissenschaften besteht somit in einer gewissen Wiederholung, erhellenden Entfaltung jener Begründung, die früher die Wissenschaften auf spontane Art selbst durchgeführt haben.*

Die andere Möglichkeit gründet darin, daß Heidegger bereits in seinen Vorlesungen Ende der 20er Jahre den Anspruch formuliert hat, für die Philosophie sei neben ihrem Gerichtetsein auf ihren eigenen Gegenstand ebenfalls eine wichtige Aufgabe, dieses Gerichtetsein auf ihren Gegenstand zu untersuchen und zu interpretieren (GA 61 S. 12, S. 18 f., S. 60). In diesem Sinne muß auch jene Tätigkeit der produktiven Logik zum Gegenstand der phänomenologischen Untersuchung erhoben werden, die auf die Erschaffung der wissenschaftlichen Grundbegriffe

---

[89] Also abgegrenzt von den wahren philosophischen Grundbegriffen.

[90] Von Hermanns Deutung geht auch in diese Interpretationsrichtung (Hermann 1987 S. 85).

und Methoden gerichtet ist. Meiner Ansicht nach sind beide Interpretationsmöglichkeiten akzeptabel, und zwar aufgrund folgender Überlegungen:
Nach der Abfassung von *Sein und Zeit*, im Jahre 1927, reflektiert Heidegger schon bewußt und explizit auf das Problem der Selbstbegründung der Wissenschaft durch sich selbst bzw. durch die Philosophie. Auf die Frage, ob „diese in den Wissenschaften selbst in ihrem Anfang vollzogene Selbstbegründung schon eine *Grundlegung* der Wissenschaft" ist (GA 25 S. 32 f.), antwortet er zugleich mit Ja und Nein. Er behauptet also zur selben Zeit, daß die Wissenschaft mit der Vergegenständlichung eines Seinsbezirkes – infolge der Erfassung bestimmtes Seienden aufgrund der Erhellung seiner Seinsstruktur – sich selbst in gewisser Weise schon begründet, aber diese Selbstbegründung stößt an Grenzen, wie Heidegger betont, vorzugsweise aus methodischen Gründen, die sich aus dem Unterschied der verschiedenen Annäherungsweisen ergeben. Die Wissenschaft vermag nämlich nicht in Problemsphären, die von ihr eine von ihrer eigenen Methode abweichende Begrifflichkeit und Behandlungsweise verlangen, nämlich in der Sphäre der Philosophie, sich mit Sicherheit zu bewegen. Aus diesen Überlegungen heraus spricht Heidegger von einer notwendigen „Begründung der Selbstbegründung der Wissenschaft" als der eigentlichen „Grundlegung der Wissenschaft" (GA 25 S. 32–35, vgl. Kockelmans 1985 S. 130 f.). Demnach ist das Verhältnis dieser beiden Begründungen mit der ersten Interpretationsmöglichkeit identisch, also letztendlich befestigt methodologisch die phänomenologische Untersuchung der spontan zuwege gekommenen Genesis die Selbstbegründung. Gleichzeitig kann aber auch die zweite Interpretationsmöglichkeit Gültigkeit erlangen, insofern jedenfalls, daß die Begründungstätigkeit selbst, als philosophische Tätigkeit, Gegenstand der Selbstaneignung und Selbstinterpretation bleiben kann. Ich bin der Ansicht, daß sich die Heideggersche Untersuchung gerade auf dieser Ebene bewegt. Angesichts all dessen entsprechen die beiden Interpretationsmöglichkeiten der Zweiteilung regionale bzw. fundamentale Ontologie.
In den Vordergrund des Heideggerschen Denkens dringt die Begründungsproblematik der Wissenschaften gleichzeitig und verbunden mit der Frage nach der Krise der Wissenschaften. Daß die Krise der Wissenschaften als philosophisches Problem auftaucht, hängt offenbar mit der damaligen Situation der Wissenschaften zusammen: Aus Heideggers Vorlesungen aus der Zeit zwischen 1925 und 27 sowie aus den einschlägigen Passagen von *Sein und Zeit* ist ersichtlich, daß Heidegger einem sehr breiten Spektrum von Wissenschaften seine Aufmerksamkeit gewidmet hat (GA 20 S. 4–6, WDF S. 144, SZ S. 9 f., GA 9 S. 47–67, vgl. Kockelmans 1985 S. 117).
Es stellt sich die Frage, in welchem Zusammenhang Heidegger den Krisen Bedeutung beigemessen haben mag: Also was für ein Wissenschaftsbild im Hintergrund mit am Werk ist, bzw. welche Erwartungen und *Hoffnungen* Heidegger mit Bezug

auf die Wissenschaften gehegt hat. Im Jahre 1925 formulierte Heidegger folgendermaßen: „Die eigentliche Krisis ist die in den Wissenschaften selbst, die darin besteht, daß das Grundverhältnis der einzelnen Wissenschaften zu den von ihnen befragten Sachen fraglich geworden ist. Das Grundverhältnis zu den Sachen wird unsicher und die Tendenz lebendig, eine Vorbesinnung auf die Grundstruktur der befragten Sachen durchzuführen, d. h. die Unsicherheit der Grundbegriffe der jeweiligen Wissenschaft zu beseitigen oder diese Grundbegriffe aus ursprünglicher Sachkenntnis zu festigen. Echte Fortschritte der Wissenschaften spielen nur in diesem Felde." (GA 20 S. 3 f, vgl. SZ S. 9, GA 9 S. 67)
In der wissenschaftlichen Krise wird demnach jenes Systems von Voraussetzungen unsicher, das der Detailforschung ihr sicheres Geleit gibt. Der wissenschaftlichen Krise ist die Umgrenzung der Thematik, die eigentliche Begründung des jeweiligen Wissenschaftszweiges naturgemäß schon längst vorausgegangen. Heideggers Frage läuft daher darauf hinaus, wie sich die Wissenschaft zu dieser Krisensituation verhalten kann, wobei die Botschaft dieser Situation gerade darin besteht, daß die Forschungstradition einer neuen Begründung bedarf. Im Hinblick auf die Begründungsproblematik ist von größtem Belang, welchen Bewegungsfreiraum in einer solchen Situation die Wissenschaft hat.
In *Sein und Zeit* schrieb Heidegger folgendes: „Die eigentliche 'Bewegung' der Wissenschaften spielt sich ab in der mehr oder minder radikalen und ihr selbst (nicht) durchsichtigen Revision der Grundbegriffe." (SZ S. 9). Das Wörtchen 'nicht' habe ich deshalb in Klammern gesetzt, weil es im Originaltext von *Sein und Zeit* zwar nicht vorkam, aber in der Gesamtausgabe und seitdem auch in der Niemeyer Ausgabe (15. Auflage) geschrieben steht. Leider teilt hier kein einziger Hinweis dem Leser mit, daß es sich hier um eine nachträgliche (nach Heideggers Tod vorgenommene) Ergänzung handelt. Von Herrmann, der Redakteur der Gesamtausgabe, schreibt in seinem Kommentar in diesem Zusammenhang, daß dieser Einschub anhand des Handexemplars von Heidegger, also aufgrund des sogenannten 'Hüttenexemplars' vorgenommen worden sei. Aus dieser Erklärung kann darauf gefolgert werden, daß Heidegger das Wörtchen 'nicht' *irgendwann* in seinem eigenen Handexemplar eingeschoben haben könnte, wir erhalten jedoch keinerlei Aufschluß darüber, wann dieser Einschub erfolgt sei, ob 1928, 38 oder aber womöglich erst 68. Von Herrmann geht in seiner Interpretation des in Frage stehenden Satzes auf den ursprünglichen Standpunkt von Heidegger – also auf den Satz ohne 'nicht' – nicht ein, sondern versucht anhand der Interpretation eines Momentes der Vorlesungen vom Wintersemester 1927/28 unter Beweis zu stellen, daß der eigentliche Standpunkt von Heidegger schon damals mit dem des korrigierten Satzes zusammengefallen sei. Als Beweis führt er jene schon früher interpretierte Heideggersche Erörterung, die davon handelt, daß für die Wissenschaften die Selbstbegründung begrenzt sei, da die Methodik der Wissenschaft nicht in der

Lage sei, solche Fragen zu erhellen, die nach einer philosophischen Behandlungsart verlangen (Herrmann 1987 S. 86 f.).
Dieser Argumentation gegenüber kann man mehrfach Bedenken anmelden. Zum einen versteht sich von sich selbst, daß Heidegger den Satz ohne *nicht* keineswegs zufällig niedergeschrieben haben wird und dieser Umstand verlangt nach Aufklärung. Zum anderen kann man in bezug auf die Stichhaltigkeit der Argumente von Herrmanns Einwendungen machen. Denn daraus, daß eine Selbstbegründung methodisch begrenzt sei, wird noch lange nicht folgen, daß eine begriffliche Revision, mithin die Neubegründung gleichsam undurchschaubar sei. Aus der Tatsache, daß wir außerstande sind, etwas zu vollziehen, kann noch nicht darauf geschlossen werden, daß wir dieses Etwas auch zu durchschauen unfähig sind, und gerade dies wird bei von Herrmann stillschweigend vorausgesetzt. Meiner Ansicht nach unterstützt auch der zweite zitierte Satz diese Überlegung. Das Niveau der Wissenschaft besteht in der Fähigkeit zur Krise und daraus folgt, daß die Wissenschaft ihre eigene Krise nicht einfach passiv erleidet, sondern sie auch aktiv mitgestaltet. Würden die Wissenschaften nicht einmal durchschauen, was ihnen widerfährt, in welchem Sinne könnten wir dann noch von Niveau und einer Fähigkeit zur Krise sprechen? Der zweite Satz verweist eindeutig darauf, daß die Wissenschaften sowohl in der Krise wie auch in der darauf folgenden begrifflichen Revision, in der Neubegründung eine aktive Rolle spielen, und der Grund dieser Aktivität kann nichts anderes sein, als die Fähigkeit zum Durchschauen, vor allen Dingen die Erkenntnis der Krisensituation; die Erneuerung der Wissenschaft kann ja in einer solchen Weise nur vonstatten gehen, wenn ein beträchtlicher Teil der Wissenschaftler zu erkennen vermag, daß sie sich auf die gewöhnliche Art und Weise weiter nicht mehr betätigen können. Außerdem muß die Fähigkeit zur Krise in sich mit einschließen, daß die Wissenschaften gegenüber der grundlegenden Tätigkeit philosophischer Überlegungen höchste Empfangsbereitschaft an den Tag legen. Diese Empfangsbereitschaft wäre ohne die Fähigkeit zum Durchschauen wiederum schwerlich vorstellbar. Im Ganzen kann festgestellt werden, daß der Heideggersche Satz mit dem darauffolgenden in engem inhaltlichem Zusammenhang steht, was Licht darauf wirft, daß der Einschub einen späteren Heideggerschen Standpunkt widerspiegelt, meines Erachtens einen, der erst nach Mitte der 30er Jahre entstanden ist.
Bei der Interpretation der Heideggerschen Bemerkungen zu den Grenzen und Schranken der wissenschaftlichen Einstellung muß berücksichtigt werden, daß Heidegger bei der Trennung der philosophischen von den wissenschaftlichen Überlegungen stets auf den Grundzug der jeweiligen Tätigkeit hinweist, nicht aber auf das Subjekt dieser Tätigkeit. Dementsprechend betont er an mehreren Stellen, es gehe nicht darum, daß der Wissenschaftler etwa nicht verstünde, an die Wissenschaften auf der Reflexionsebene der Philosophie heranzutreten, sondern darum,

daß er dies nicht mehr als Fachwissenschaftler, sondern nur als Philosoph tun kann. (VA S. 70, GA 5 S. 49 f.)

Heidegger spricht also bei der Hervorhebung der Schranken jeglicher Selbstbegründung der Wissenschaften nicht von Schranken der Fähigkeiten der Wissenschaftler, sondern von den Schranken eines bestimmten Verhaltenstypus. Dies wird auch durch die folgende in einer der Vorlesungen des Sommersemesters 1925 vorgetragene Erörterung belegt: „Die Krisis kann nur dann für die Wissenschaften fruchtbar und sicher gelenkt werden, wenn über ihren wissenschaftlich-methodischen Sinn Klarheit gewonnen und einsichtig wird, daß die Freilegung des primären Sachfeldes eine prinzipiell andere Erfahrung- und Auslegungsart fordert, als sie in den konkreten Wissenschaften selbst herrschen. In der Krisis gewinnt die wissenschaftliche Forschung philosophische Tendenz." (GA 20 S. 4)

Heidegger betont neben den Unterschieden der Annäherungsweisen auch die Zusammengehörigkeit von wissenschaftlichem und philosophischem Denken, er hebt ja in bestimmtem Sinne auch ihre Komplementarität hervor. Die Krise fördert die Erkenntnis zu Tage, daß Philosophie und Wissenschaft aufeinander angewiesen sind, welche Erkenntnis während der normalen Tätigkeit oft und mit Vorliebe der Vergessenheit anheimfällt. Den interpretierten und auch anderen Texten von Heidegger ist offensichtlich zu entnehmen, daß für Heidegger die Krise eine Möglichkeit, eine Hoffnung bedeutet, zwei auseinanderstrebende Forschungstraditionen wieder aneinander zu fügen. Der Ausdruck 'Zusammenfügen' ist hier nicht fehl am Platz, weil es hier nicht um ein Zusammenkneten, geschweige denn um eine Verschmelzung, sondern um eine wesentliche Zusammengehörigkeit jedwedem Unterschied zum Trotz geht. Diese Zusammenfügung bedeutet für beide Teile Aufgaben, von Seiten der positiven Wissenschaften fordert sie Offenheit, Empfangsbereitschaft, Fähigkeit zur Krise, das Vermögen, die sich versteinernde Tradition des Wissenschaftsbetriebs aufzulockern. Im Falle der Philosophie erblickt Heidegger hinwiederum in dem Durchbruch der hermeneutischen phänomenologischen Annäherungsweise und in der Renaissance des ontologischen Fragens die Möglichkeitsvoraussetzung einer sich erneuernden Beziehung. Auf diese Problematik kommen wir – bei der Erörterung des Bezugs zwischen Eigentlichkeit und Wissenschaften noch zu sprechen.

Eine weitere Frage ist es, in welcher konkreten Weise die Begründung der Wissenschaften vonstatten gehen kann, wenn man das hierzu nötige Fundament in der Existenzialanalytik des menschlichen Daseins sucht.

Wir folgen zwei Heideggerschen Erörterungen und versuchen aufzudecken, zum einen, wie ein solches Begründungsunterfangen vor sich geht, und zum andern, welche theoretischen Konsequenzen eine solche Herangehensweise hat. In unserem ersten Beispiel analysieren wir Heideggers Ansichten in bezug auf den Raum; der Gedankengang des Verfassers ist in aller Kürze zusammengefaßt der folgende:

Das, was wir als Raum erfahren, wurzelt in der Struktur des alltäglichen Daseins, und es kann ausschließlich aus der Seinsweise des menschlichen Daseins erschlossen werden, was „'Sein im Raume'" (SZ S. 104) bedeutet. Die verschiedenen menschlichen Seinsmodi und Aktivitäten reißen auf, erschließen jene Weite, die Raum heißt. Dieser ursprünglich erschlossene Raum ist nicht der Raum der Geometrie, sondern der inhomogene sich an die jeweilige Bewandtnisganzheit anschmiegende Raum unserer alltäglichen Handlungen. Unseren Gebrauchsdingen begegnen wir in einer bestimmten Gegend. Diese Gegenden entdeckt das menschliche Dasein im Laufe seiner Handlungen in eins mit den Bewandtniszusammenhängen der Welt von den Gebrauchsdingen. Die Orientierung der menschlichen Tätigkeit bildet sich also auch räumlich ab, genauer gesprochen, die menschliche Tätigkeit konstituiert den Raum selbst, sie ist raumbildend. Diesen Grundzug des In-der-Welt-seins charakterisiert Heidegger mit zwei Begriffen, nämlich Ent-fernung und Ausrichtung (SZ S. 105 ff.). Mit dem Ausdruck 'Entfernung' verweist er im wesentlichen darauf, daß in dem Dasein eine wesenhafte Tendenz auf Nähe liegt, sich anzunähern, mithin die Entfernung zu überwinden. Die Annäherung ist hier in einem außerordentlich breiten Sinne zu verstehen, z.B. „auch bestimmte Arten des reinen erkennenden Entdeckens von Seiendem haben den Charakter der Näherung" (SZ S. 105). Verweilen wir zunächst gleichwohl bei der engeren räumlichen Bedeutung: Der Mensch wendet sich während seiner alltäglichen Besorgungen mit diesem ent-fernenden Sich-Verhalten den Dingen zu, diese können ja erst in Gebrauch genommen werden, wenn der Mensch vorher ihre Entferntheit aufgehoben, diese Dinge in seine Hand genommen hat. Die Dingen – wie bereits gesehen – befinden sich in bestimmten Gegenden, deshalb haben wir uns während der Ent-fernung in eine bestimmte Richtung zu orientieren. Diese Orientierung nennt Heidegger Ausrichtung. Die Ent-fernung und die Ausrichtung richten den Raum ein, der dem alltäglichen Umgang gegeben ist. Diese Auffassung kann in den Rahmen der klassischen Dichotomie Subjekt-Objekt offenkundig nicht hineingezwängt werden: Der Begriff des In-der-Welt-seins bedeutet ja, daß das Dasein schon von vornherein in der Welt da ist, bei den Dingen verweilt. Die Begriffe Ent-fernung und Ausrichtung bezeichnen den Modus, wie dieses Draußensein statthat.

Unsere alltäglichen Tätigkeiten und Aktivitäten schließen die ursprüngliche Erfahrung des Raumes in sich ein, deren Topologie und Metrik auf jenem Sinn von Nähe, Weite, Ausrichtung beruht, den ihnen unsere alltäglichen Seinsbezüge beilegen. Die ursprüngliche Topologie und Metrik der Raumerfahrung dient jedem wissenschaftlichen Raumkonzept als Grundlage. Denn die „'formale Anschauung' des Raumes entdeckt die reinen Möglichkeiten räumlicher Beziehungen. Hierbei besteht eine Stufenfolge in der Freilegung des reinen, homogenen Raumes von der reinen Morphologie der räumlichen Gestalten zur Analysis Situs bis zur rein metrischen Wissenschaft vom Raum. [...] Das umsichtsfreie, nur noch hinsehende Entdecken des Raumes neutralisiert die umweltlichen Gegenden zu den reinen Dimensionen. Die Plätze und die umsichtig orientierte Platzganzheit des zuhandenen Zeugs sinken zu einer Stellenmannigfaltigkeit für beliebige Dinge zusammen" (SZ S. 112).

Das Raumkonzept der mathematischen Physik beruht sonach auf der Erfahrung des durchschnittlichen und alltäglichen In-der-Welt-seins, es kommt aus dessen Thematisierung, Formalisierung und Reduktion hervor. *In diesem Fall ging also die Begründung der Wissenschaft solcherart vonstatten, daß die phänomenologische Analyse der Umgestaltung, Geradebiegung der ursprünglichen Erfahrungsbasis nachfolgte, und damit hat Heidegger auch jene ursprüngliche Erfahrungsbasis kenntlich gemacht, auf die bei der Neubegründung der Wissenschaft zurückgegangen werden sollte.*

Zum Ausgangspunkt unseres zweiten Beispiels wählen wir die bereits untersuchte Heideggersche Analyse: Die alltägliche Aussage, der Hammer sei zu schwer, verwandelt sich in die theoretische Behauptung, der Hammer sei schwer. Der Kern der Heideggerschen Strategie besteht darin, daß sie die Genesis der Wissenschaft als die Veränderung der Seinsweise des In-der-Welt-seins zu beschreiben versucht. Die Aussage, der Hammer sei zu schwer, haftet nämlich einer alltäglichen Tätigkeit an, in welcher der Mensch sich in dem Seinsmodus des alltäglichen Umganges aufhält, wohingegen die Behauptung, der Hammer sei schwer, auf jene objektivierende Seinsweise der theoretischen Einstellung verweist, in welcher das Objekt namens Hammer die Eigenschaft der Schwere besitzt.

Bemerkenswert ist, daß die obige Beschreibung für die Wissenschaft als Begründungszusammenhang in Erscheinung tritt. Die phänomenologische Untersuchung erläutert den Umschlag des Seinsverständnisses und gewährt dadurch einen Einblick in den Zusammenhang, wie in der veränderten und neu fundierten Seinsweise, selbst wenn verborgen und verstellt, eine andere Seinsweise größerer Tragweite, nämlich die Seinsstruktur der als Fundament fungierenden Alltäglichkeit zur Geltung kommt. Ein außerordentlich wichtiges Moment ist dabei, daß *der Einblick selbst die Begründung ist*: Die Wissenschaft ist eine Seinsweise, die im allgemeinen im Rahmen ihrer eigenen Voraussetzungen und Bekundungszusammenhänge funktioniert, *die Phänomenologie wiederum tritt nun quasi an die Wissenschaft heran und zeigt ihr jene grundsätzlichere und breitere Seinsweise auf, deren Zusammenhänge, selbst wenn verwandelt, in der theoretischen Einstellung nach wie vor zur Geltung kommen.* Der grundlegende Akt der Heideggerschen Phänomenologie ist also die *Erhellung*, das Zutagefördern und Sichtbarmachen jener verborgenen Modi, wie die Seinsweise der theoretischen Einstellung, wie die Pflanze in der Muttererde, in der Lebenswelt, in dem alltäglichen In-der-Welt-sein wurzelt.

Im Kapitel 3.2.1. haben wir ein Interpretationsschema skizziert, das zwei Ebenen unterschieden hat: eine tiefere, grundlegendere Ebene, die die grundsätzliche Basis der Entstehung und Funktion der theoretischen Einstellung ist, und eine oberflächlichere Schicht, jene Ebene, wo die Transformation der Situation vor sich geht. Mit Hilfe dieses Schemas schreiten wir in der Klärung der Begründungsproblematik voran. Der Einblick in die Entstehung ermöglicht zum Teil, jene Momente ins Auge zu fassen, die sich während des Einstellungswechsels tatsächlich verändern, zum Teil mit der Erörterung der Genesis jene Grundstrukturen *freizulegen*, die der Wissenschaft als Seinsweise des Daseins als *erhaltende Gründe* dienen. Mit anderen Worten, für Heidegger ist die Analyse der Entstehung der Wissenschaften insofern mit deren Begründung gleichbedeutend, als die phänomenologische Untersuchung der Entstehung für den Blick jene Strukturen quasi erschließt, die auch den alltäglichen Wissenschaftsbetrieb mitbestimmen.

Eine weitere Frage ist, welcher Natur der untersuchte Begründungszusammenhang ist, denn anhand verschiedener Heideggerscher Überlegungen zeichnen sich gleich zwei mögliche Richtungen ab. In die eine Richtung weist der oben schon untersuchte Umschlag der alltäglichen Raumerfahrung. In diesem Fall greift – selbst wenn in reduzierter Form – die raumbildende Fähigkeit auf die theoretische Einstellung über. Verallgemeinernd ließe sich sagen, daß *das Dasein, sobald es in die theoretische Welt übertritt, jene Möglichkeiten und Fähigkeiten gleichsam mit sich hinübernimmt, deren es zum Sein-in-dieser-neuen-Welt bedarf.* Diese Deutung wird durch den folgenden, den existenzialen Begriff der Wissenschaft vorbereitenden Satz untermauert: „Nach der *ontologischen Genesis* der theoretischen Verhaltung suchend, fragen wir: welches sind die in der Seinsverfassung des Daseins liegenden, existential notwendigen Bedingungen der Möglichkeit dafür, daß das Dasein in der Weise wissenschaftlicher Forschung existieren kann?“ (SZ S. 357)

Die andere noch mögliche Richtung wird etwa durch den folgenden, ebenfalls die Entstehung der theoretischen Einstellung erörternden Abschnitt veranschaulicht: „Der Zusammenhang *bricht* zusammen. Die unabsehbare Mannigfaltigkeit von Trümmern ist aber nicht nichts, lediglich ein dunkles Chaos oder gar in ganz verkehrter Deutung ein Gewühl von Empfindungsdaten, sondern jedes Trümmerstück stammt aus dem Zusammenbruch, ist ein Gebrochenes, ein Torso, ein Fragment. Es trägt noch seine Herkunft des Bedeutsamkeitszusammenhangs, aus dem es herkommt. [...] Trümmer aus dem Zusammenbruch einer Welt und zugleich mögliche echte Bausteine für den *Aufbau* eines Neuen, für *einen* Aufbau (GA 58 S. 121).“ Diesem Zitat zufolge verbindet Heidegger das ursprüngliche In-der-Welt-sein mit der entstehenden theoretischen Einstellung nicht nur auf der Ebene der Fähigkeiten und der Möglichkeitsvoraussetzungen, sondern auch die *Bedeut-*

samkeitszusammenhänge der ursprünglichen Welt können beim Aufbau der theoretischen Welt als Bausteine dienen.

Mit einem Vergleich gesprochen: Wie der Baumeister die Fähigkeiten, ein neues Haus aufzubauen, in sich herumträgt, so verfügt auch das Dasein über jene Strukturzusammenhänge, die zur Erschaffung der theoretischen Welt und zu einem 'Wohnen'[91] darin notwendig sind. Genau wie der Baumeister ist auch das Dasein auf Baumaterial, auf jene Träger der Strukturzusammenhänge angewiesen, aus denen es das neue Gebäude erbaut.

Am Ende des Paragraphen 32 von *Sein und Zeit* mit der Überschrift *Verstehen und Auslegung* warf Heidegger bei der Analyse der Zirkelstruktur des Verstehens und überhaupt des In-der-Welt-seins die Frage der Exaktheit der historischen bzw. der mathematischen Wissenschaften auf: „Weil Verstehen seinem existentialen Sinn nach das Seinkönnen des Daseins selbst ist, übersteigen die ontologischen Voraussetzungen historischer Erkenntnis grundsätzlich die Idee der Strenge der exakten Wissenschaften. Mathematik ist nicht strenger als Historie, sondern nur enger hinsichtlich des Umkreises der für sie relevanten existenzialen Fundamente." (SZ S. 153)

Der Ausdruck 'relevante existenziale Fundamente' bezieht sich auf jene grundsätzliche Ebene des In-der-Welt-seins, die auch nach der Entstehung der theoretischen Einstellung, in diesem konkreten Fall nach der Entstehung der Mathematik, prägend bestimmend bleibt. Die ursprüngliche räumliche Orientierung des Daseins bildet demnach ein relevantes existenziales Fundament der Geometrie. Besondere Aufmerksamkeit verdient dabei die Behauptung, das existenziale Fundament sei im Falle der Mathematik *enger*. Heidegger war schon in einer seiner frühen Freiburger Vorlesungen der Ansicht, daß die Theoretisierung bei Wissenschaften unterschiedlichen Typs nicht in gleichem Maße vorangeschritten sei. Die geschichtlichen Wissenschaften bewahren die ursprüngliche lebensweltliche Situation in einem sehr viel höheren Maße als die mathematischen Naturwissenschaften. Auch innerhalb der Naturwissenschaften nimmt Heidegger eine Differenzierung vor, beispielsweise zwischen der Deskription der Biologie und der physikalisch-mathematischen Theorie. Seiner Auffassung nach vertreten die

---

[91] Es könnte der Gegenstand einer eigenen Untersuchung sein, inwiefern sich der von Heidegger zur Charakterisierung des In-Seins verwendete Begriff des Wohnens auf die theoretische Tätigkeit erweitern läßt. Wie ich sehe, kann darüber aus den Heideggerschen Schriften kein eindeutiger Aufschluß gewonnen werden. Diese Frage weist freilich über das Problem hinaus, ob die theoretische Tätigkeit ihre eigene Praxis hat (vgl. SZ S. 61, S. 357 f., Bast 1986 S. 140 ff, S. 162 ff., Kockelmans 1985 S. 119 ff.), zumal – meines Erachtens – das eigentliche Problem darin besteht, wie der Mensch im theoretischen Bedeutsamkeitszusammenhang *selbst* tätig ist. In unserem gemeinsamen Vortrag haben László Ropolyi und ich den Versuch unternommen, in bezug auf die Interpretation der quantenmechanischen Paradoxien darzulegen, wie wichtig es den Wissenschaftlern ist, die Bedeutsamkeitszusammenhänge, die ihre Disziplin ausmachen, 'bewohnbar' zu machen. (Ropolyi – Schwendtner 1994)

Mechanik und die Elektrodynamik die höchste Stufe der Theoretisierung (GA 56/57 S. 207). Demnach läßt sich das breitere oder engere existenziale Fundament unter dem Aspekt der objektivierenden Tendenz der Entweltlichung, Entlebung und Entgeschichtlichung interpretieren.

Diese Interpretation ermöglicht gleichsam, unser früher skizziertes zweischichtiges Schema weiter zu differenzieren. Diese bisherige Struktur war die folgende: Die tiefere, grundsätzlichere Schicht wirkt in der neuen, theoretischen Einstellung fort. In der oberen Schicht geht der eigentliche Wechsel vonstatten. Gemäß dem obigen kann dieses Schema dadurch ergänzt werden, daß bei der Entstehung der verschiedenen Wissenschaften nach wie vor eine unterschiedlich 'breite' Basis als Grundlage erhalten bleibt, anders ausgedrückt, die entweltlichende und entgeschichtlichende Tendenz der Objektivation berührt die Strukturen des alltäglichen In-der-Welt-seins – hinsichtlich der einzelnen Fachdisziplinen – unterschiedlich tief.

Unsere bisherigen Untersuchungen gingen dahin, jene Heideggersche Bestrebung nachzuweisen, der zufolge die eigentliche Begründung der spontanen Selbstbegründung von den Wissenschaften so vor sich geht, daß sie durch die phänomenologische Erläuterung der Genesis der theoretischen Einstellung Einblick in jene Tiefenstrukturen, in diejenigen Erfahrungszusammenhänge gewährt, die die Möglichkeitsvoraussetzungen der Wissenschaften bilden. Gleichwohl haben wir noch nicht untersucht, inwiefern Heidegger während der Ausarbeitung des Programms der Fundamentalontologie die Struktur des Daseins dazu für geeignet befunden hat, den Wissenschaften als *erhaltender Grund* zu dienen. Folgendes ist zu fragen: Kann das Erschließen und Durchleuchten des alltäglichen In-der-Welt-seins, seine gedankliche An*eignung* zu solchem Wissen führen, das für die Wissenschaft als *Fundament* dienen kann? Es scheint lohnend, diese Frage erst später in Zusammenhang mit der Eigentlichkeitsproblematik der Wissenschaft zu behandeln.

4. ECHTE WISSENSCHAFT?

Während der Rekonstruktion des Heideggerschen Wissenschaftsbegriffs sind wir mehrfach auf Knotenpunkte gestoßen, wo in Bezug darauf, wie sich die einzelnen Fachdisziplinen zu ihrer eigenen Forschungstradition, zur Wissenschaftlichkeit, zur Lebenswelt, zu deren Erfahrungsformen und zu den die Wissenschaften erschütternden Krisen verhalten, Alternativen aufgetaucht sind. In diesem abschließenden Teil lenken wir die Aufmerksamkeit auf diese Punkte, auf die in den Wissenschaften verborgenen Alternativmöglichkeiten. Diese Untersuchungen werden allesamt von der Frage geleitet, ob Heideggers Ansicht nach die Fachdisziplinen durch eine der mit Hilfe des Begriffspaars Eigentlichkeit–Uneigentlichkeit skizzierten Alternative analoge Zwiefältigkeit charakterisiert sind? Kann anhand der Heideggerschen Texten nachgewiesen werden, daß sich der Verfasser auch im Falle der wissenschaftlichen Fachdisziplin ernsthaft mit einer Möglichkeit bzw. Entfaltungsrichtung befaßt hat, die mit der Eigentlichkeit verwandt ist? Um diese Frage zu klären, bedarf es einer vorausgehenden Deutung der Dichotomie 'Eigentlichkeit – Uneigentlichkeit' in bezug auf die Alltäglichkeit und die Philosophie. In diesen vorangehenden Untersuchungen widmen wir der Problematik der menschlichen Endlichkeit besondere Aufmerksamkeit, weil diese Frage auch in Zusammenhang mit der echten Wissenschaft größte Bedeutung erlangt. Die ersten drei Kapitel wenden sich den Begriffen 'Eigentlichkeit – Uneigentlichkeit' zu. In Kapitel 4.4. rekonstruieren wir den Begriff der 'echten Wissenschaft' und gleichzeitig damit die andere den wissenschaftlichen Fachdisziplinen zustehende Möglichkeit, einem Wissenschaftsbetrieb anheimzufallen. Im Abschlußkapitel wird Heideggers Vorlesung *Was ist Metaphysik?* von 1929 interpretiert. In dieser Vorlesung untersucht Heidegger die den Wissenschaften offenstehenden alternativen Wege unter Einbeziehung der Endlichkeitserfahrung.

4.1. Die Uneigentlichket der Alltäglichkeit

Heidegger hat sich in der gesamten von uns untersuchten Zeit sehr intensiv mit der Frage auseinandergesetzt, wie sich das Verhältnis zu sich selbst in den verschiedenen Verhaltensformen des faktischen Lebens bzw. des menschlichen Daseins konstituiert. Der Möglichkeitsbereich dieser Struktur von Verhältnissen wird durch die Modi der Selbstaneignung und des Selbstverlustes abgesteckt, deren grundsätzliche Richtungen in *Sein und Zeit* mit Hilfe des Begriffspaars 'Eigentlichkeit' und 'Uneigentlichkeit' erfaßt werden. Da Heidegger in dem in Frage stehenden Jahrzehnt in diesem Zusammenhang – besonders bezüglich der Uneigentlichkeit – trotz Veränderungen in seiner Begrifflichkeit ein ziemlich einheitliches Konzept vertrat, nehmen wir die Analyse aufgrund des viel detaillierter ausgearbeiteten Stadiums von *Sein und Zeit* in Angriff.

Heidegger wies den Grund der obigen begrifflichen Differenzierung in der ursprünglichen Seinsstruktur des menschlichen Daseins auf. Wie wir gesehen haben, ist es eine wesentliche Bestimmtheit des Daseins, über ein Seinsverständnis zu verfügen, d.h. den Dingen, seinen Mitmenschen und sich selbst gegenüber offen zu sein. Dieses Seinsverständnis ist ein Seinsverhältnis, das Dasein verhält sich – in verständiger Weise – in seinem Sein zu seinem eigenen Sein. Dem Dasein steht sein eigenes Sein auf dem Spiel, der Einsatz seiner Existenz ist sein eigenes Sein. Diese ontologische Struktur ist die Voraussetzung für die Unterscheidung zwischen Eigentlichkeit und Uneigentlichkeit. Das Dasein kann sich nämlich eben deshalb an die Uneigentlichkeit verlieren bzw. sich in den verschiedenen Seinsmodi der Eigentlichkeit wählen und gewinnen, weil sein Sein stets das je seine ist (vgl. SZ S. 42 f., Fehér 1992 b S. 150 f.).[92] Der Grundzug der Gegenüberstellung von Eigentlichkeit und Uneigentlichkeit besteht somit darin, wie wir uns zu uns selbst verhalten und ob die Struktur unserer verschiedenen Verhaltens- und Seinsweisen den Verlust oder die Aneignung, die Wahl unserer selbst fördert.

In diesem Kapitel sollen in aller Kürze die Modi der Uneigentlichkeit überblickt werden. Heidegger hat die Uneigentlichkeit in der gesamten in Frage stehenden Periode als Neigung, als Tendenz, als Bewegtheit aufgefaßt (vgl. z.B. GA 61 S. 119 ff., 122 ff., 131, PIA S. 242 f., SZ S. 15, 170, 177). Im Natorp-Bericht spricht er z.B. von einem „Hang zum Aufgehen", eine faktische „Grundtendenz des Lebens zum *Abfallen* von sich selbst [...] zum *Verfallen* an die Welt. [...] Das Verfallen ist nicht als objektives Geschehen und etwas, was im Leben lediglich 'passiert', sondern als intentionales Wie zu verstehen. Dieser Hang ist das innerste *Verhängnis*, an dem das Leben faktisch trägt." (PIA S. 242)

Die Richtung dieser Tendenz bzw. Neigung ist eindeutig: Wenn wir der Welt verfallen, wenn wir uns darin verstreuen und verlieren, wenden wir uns von uns selbst ab. Diese Abwendung von uns selbst wurde am anschaulichsten vielleicht in der Vorlesung des Wintersemesters 1921/22 formuliert. Hier erfaßt Heidegger die Bewegungstendenz der Faktizität – u.a. – als *Abriegelung* (GA 61 S. 122 ff., vgl. SZ S. 129). Heidegger interpretiert die Abriegelung als ein 'Von-sich-weg', als ein Entfliehen von uns selbst (GA 61 S. 123). Die andere Seite dieser Flucht und Abriegelung ist die Zuwendung zur Welt im Sinne des Aufgehens und Sich-Zertreuens in ihr.

---

[92] Das Sein des Daseins ist „*je meines*" (SZ S. 41).

Die ersten Beschreibungen des besorgenden Umgangs in *Sein und Zeit* scheinen mit Bezug auf die Eigentlichkeit und Uneigentlichkeit neutral zu sein (vgl. SZ § 15), erst in einer späteren Phase des Gedankenganges kommt ans Licht, daß die alltägliche Tätigkeit im allgemeinen den Grundzug des Aufgehens, des Sich-Verlierens hat (vgl. SZ S. 113 § 27). Diesen Erörterungen zufolge sind die Tätigkeiten der durchschnittlichen Alltäglichkeit so strukturiert, daß durch sie das Dasein aus sich quasi herausfällt und sich seine Beschäftigungen vorzugsweise auf die Dinge, auf die Welt beziehen. „Das Dasein ist zunächst und zumeist von seiner Welt benommen" (SZ S. 113, vgl. S. 348).

Die Welt als Bedeutsamkeitszusammenhang steht mit der wesensmäßigen Offenheit des Daseins in Zusammenhang und ermöglicht den Zugang zu jedwedem Seienden. Die sprachlich artikulierten Bedeutsamkeitszusammenhänge, die ursprünglich die Seinsbezüge des Daseins mitkonstituieren, können sich verfestigen und verselbständigen. In der Ausgesprochenheit wird sowohl der ursprüngliche Bedeutsamkeitszusammenhang als auch das Verstehen von anderen und uns selbst bzw. die Aufgedecktheit des Seienden bewahrt (vgl. SZ S. 168). In dem uneigentlichen Gerede, das für die Seinsweise des Verfallens[93] charakteristisch ist, geht der ursprüngliche Seinsbezug, die ursprüngliche Aneignung des Seienden verloren und es kommt eine grund- und bodenlose Verstehensweise ohne jeden ursprünglichen Bezug zu den Dingen zur Geltung.[94] Die sogenannte öffentliche Ausgelegtheit, in die das Dasein hineinwächst, beherrscht die alltäglichen Seinsmodi: die öffentliche Ausgelegtheit hält „das Dasein in seiner Verfallenheit fest" (SZ S. 177).

Der Ausdruck *öffentliche Ausgelegtheit* verweist schon an sich darauf, daß dieses Phänomen auf Andere bezogen ist. Es gehe hier tatsächlich um die stillschweigende Diktatur der Öffentlichkeit, der Anderen (vgl. SZ S. 126). „Sofern das Dasein ein Seiendes ist, das ich bin, und zugleich bestimmt ist als Mit-einander-sein, bin ich mein Dasein zumeist und durchschnittlich nicht selbst, sondern die Anderen; ich bin mit den Anderen ebenso. Keiner ist in der Alltäglichkeit er selbst. Was er ist und wie er ist, das ist niemand: keiner und doch alle miteinander. Alle sind nicht sie selbst. Dieser Niemand, von dem wir selbst in der *Alltäglichkeit* belebt werden, ist das *'Man'*. Man sagt, man hört, man ist dafür, man besorgt. In der Hartnäckigkeit der Herrschaft dieses Man liegen die Möglichkeiten meines Daseins, und aus dieser Einebnung heraus ist das 'ich bin' möglich." (BZ S. 13 f.)

Das Man sichert sich seine hartnäckige Herrschaft über das Dasein unter anderem mehr auch dadurch, daß es „so das jeweilige Dasein in seiner Alltäglichkeit" *ent-*

---

[93] Der junge Heidegger bedient sich in seiner Vorlesung im Jahre 1921/22 noch des Begriffes der 'Ruinanz'. (vgl. GA 61 S. 131-155)

[94] „Das im Gerede sich haltende Dasein ist als In-der-Welt-sein von den primären und ursprünglich-echten Seinsbezügen zur Welt, zum Mitdasein, zum In-Sein selbst abgeschnitten" (SZ S. 170)

lastet. (SZ S. 127) Diese Entlastung erfolgt durch die unerkannte Übernahme wahrer Entscheidungen. Denn die fertig vorgegebenen Interpretationsschemata nehmen dem Dasein durch die Bestimmung der Art und Weise, wie Fragen gestellt werden, durch die Vorbestimmung und Fixierung der Blickrichtungen, und was vielleicht von noch größerem Belang ist, durch die Verdrängung bzw. durch das Verschweigen gewisser Fragen die Last existenzialer Entscheidungen von den Schultern. Auch weist das beruhigende Wesen des Man in die Richtung der Entlastung. „Die Vermeintlichkeit des Man, das volle und echte 'Leben' zu nähren und zu führen, bringt eine *Beruhigung* in das Dasein, für die alles 'in bester Ordnung' ist, und der alle Türen offenstehen. [...] Diese Beruhigung im uneigentlichen Sein verführt jedoch nicht zu Stillstand und Tatenlosigkeit, sondern treibt in die Hemmungslosigkeit des 'Betriebes'." (SZ S. 177)
Den einen Modus des alltäglichen uneigentlichen Seins, die Neugier, hat Heidegger mit der Offenheit des Daseins in Verbindung gebracht, und zwar mit dem Blick und dem Sehen (SZ S. 170). Wie bei dem Gerede, ist auch hier von einer Verhaltensweise die Rede, die sich von der ursprünglichen Ebene abgehoben und verselbständigt hat. Charakterisiert ist die Neugier als die Verselbständigung des Sehens um des Sehens willen auch von einer Grund- und Bodenlosigkeit, von einem Herumschweifen von dem einen Gegenstand zum anderen, das nicht durch ein geruhsames Verweilen, durch ein vertieftes Dabeisein, sondern eben durch ein Unverweilen und eine Zerstreuung ausgezeichnet ist (SZ S. 172).
In dem Natorp-Bericht verknüpft Heidegger die Neugier mit der wissenschaftlichen Einstellung. „In der Sorge des Hinsehens, der Neugier (cura, curiositas), ist die Welt da, nicht als Womit des verrichtenden Umgangs, sondern lediglich in der Hinsicht auf ihr *Aussehen*. Das Hinsehen vollzieht sich als hinsehendes Bestimmen und sich organisieren als *Wissenschaft*." (PIA S. 241) In den Paragraphen von *Sein und Zeit* über die Neugier vermerkt Heidegger unter Bezugnahme auf die Anfangszeile von Aristoteles' *Metaphysik* folgendes: „Im Sein des Menschen liegt wesenhaft die Sorge des Sehens. Damit wird eine Untersuchung eingeleitet, die den Ursprung der wissenschaftlichen Erforschung des Seienden und seines Seins aus der genannten Seinsart des Daseins aufdecken sucht. Diese griechische Interpretation der existentialen Genesis der Wissenschaft ist nicht zufällig." (SZ S. 171)
In bezug auf eine Verbindung der Entstehung von Neugier und Wissenschaft müssen wir erkennen, daß sich zwar das zweite Zitat in einem dem Phänomen der Neugier gewidmeten Paragraphen befindet, aber der Aristotelische Gedanke wird von Heidegger so interpretiert, daß die Entstehung der Wissenschaft (hier auch der Philosophie) mit der *ursprünglicheren Ebene* einer Bestrebung nach Sehen verknüpft wird,[95] aus der auch die Neugier hervorgehen kann. Nicht einmal die theoretische Einstellung im engeren Sinne darf ohne weiteres mit der Neugier in Ver-

bindung gesetzt werden, denn das bloße Hinsehen auf das Aussehen der Dinge ist zwar in beiden Fällen ein konstituierender Faktor (vgl. SZ S. 61 f., PIA S. 241), aber während die theoretische Einstellung von dem ruhigen Verweilen bei den Dingen mit konstituiert wird (vgl. SZ S. 138), ist die Neugier – im Gegenteil – von einem unruhigen Unverweilen charakterisiert (SZ S. 172).
Im ganzen genommen, müssen wir aufgrund der zitierten Texte die Interpretation zurückweisen, die theoretische Einstellung gehe eindeutig aus der Neugier, mithin aus einer uneigentlichen Seinsweise hervor. Gleichzeitig ist zu erkennen, daß einige Heideggersche Bemerkungen zwischen den Wissenschaften und der uneigentlichen Neugier eine gewisse Verwandtschaft ahnen lassen.

4.2. Die hermeneutische Phänomenologie als Gegenbewegung

Das faktische Leben bzw. die alltäglichen Verhaltensweisen des menschlichen Daseins sind von der Tendenz des Verfallens an die Welt charakterisiert. Für Heidegger ist die Herausarbeitung der Frage von entscheidendem Belang, welche Bezugsmöglichkeiten das menschliche Dasein zu dieser es – Heideggers Ansicht nach schicksalhaft – bestimmenden, in die Richtung des Selbstverlustes zeigenden Bewegungstendenz hat. Im Kapitel 2.1. ist der Begriff der Selbstaneignung[96] bereits kurz interpretiert worden. Dort wurde zwischen drei möglichen Bedeutungen dieses Ausdruckes unterschieden: Die existenziale, also die Möglichkeit der Selbstaneignung des alltäglichen faktischen Lebens, des weiteren die der Philosophie, und schließlich die der Wissenschaften. Hinsichtlich der Alltäglichkeit kommt vorzugsweise offenbar die erste Bedeutung in Betracht, der Erörterung dieses Themas sind jedoch noch einige Vorbemerkungen vorauszuschicken.
Anhand der in der fraglichen Periode entstandenen Heideggerschen Texte können zwei wesensverschiedene Möglichkeiten unterschieden werden. Für Heidegger kommt als eine der Möglichkeiten in Betracht, daß *innerhalb* der alltäglichen Seinsmodi solche Geschehnisse und Ereignisse möglich sind, die dank ihrer

---

[95] In § 69 b behauptet Heidegger erneut in einem philosophiegeschichtlichen Kontext: „Gemäß dem Vorrang des 'Sehens' wird der Aufweis der existentialen Genesis der Wissenschaft bei der Charakteristik der *Umsicht* einsetzen müssen, die das 'praktische' Besorgen führt." (SZ S. 358) Die Neugier wird hier mit der *frei gewordenen* Umsicht verbunden, somit ist hier eher davon die Rede, daß Wissenschaft und Neugier aus einem und demselben ursprünglicheren existentialen Grund hervorgehen, als davon, daß die Entstehung der Wissenschaft in der Neugier zu suchen sei.

[96] Selbstaneignung als Aufgabe kann ihren Sinn und Belang nur und ausschließlich aus der Bewegungstendenz des Selbstverlustes gewinnen, da ihre Tendenz logisch eine Entfernung von uns selbst voraussetzt, diese gilt es ja durch sie zu überbrücken.

existenzialen Kraft den Menschen aus dem ihn gefangenhaltenden Netz öffentlicher Ausgelegtheiten quasi *herausreißen* können. Die andere Möglichkeit ist, daß die Philosophie an das alltägliche Leben herantritt und mit Hilfe des Instrumentariums der hermeneutischen Phänomenologie dem faktischen Leben bzw. dem menschlichen Dasein dessen Verfallenheit *aufzeigt* und dadurch in Anbetracht der Alltäglichkeit *von außen* einen Anhaltspunkt bietet, damit die Alltäglichkeit sich von der mit Selbstverlust einhergehenden Zerstreuung befreien kann. In den frühen Freiburger Vorlesungen herrscht diese zweite Möglichkeit vor, in der Periode von *Sein und Zeit* galt Heideggers Aufmerksamkeit jedoch schon vielmehr der ersten Möglichkeit.[97] In diesem Kapitel befassen wir uns mit der zweiten Möglichkeit, es wird also untersucht, wie die Philosophie als hermeneutische Phänomenologie Heideggers Ansicht nach zur Selbstaneignung des faktischen Lebens beitragen kann bzw. wie sie sich der die Alltäglichkeit beherrschenden Ruinanz widersetzen kann.

Wie gesehen, faßte Heidegger das Verlorengehen, das Verfallen des faktischen Lebens als eine Tendenz, als eine Bewegung, als eine Grundbewegtheit (PIA S. 243) auf. Dementsprechend nennt Heidegger den Widerstand gegen den Verfall, die Ruinanz eine Gegenbewegung (GA 61 S. 153, 183, PIA S. 245, GA 63 S. 109), eine Gegenbewegtheit (GA 61 S. 132) oder gegenruinant (GA 61 S. 146, 153, 160, 178).[98] „Die phänomenologische Interpretation als existentielle bekundet wesentlich eine *'Gegen'bewegtheit.* Es ist nämlich nicht ohne weiteres ersichtlich, daß das sorgende Aufgehen eine Bewegung des Lebens ‘gegen sich’ ist, so daß das Leben ‘noch’ etwas anderes ist, welches andere in der Ruinanz zwar da ist, vorkommt, aber in der Weise des Abgedrängtwerdens.“ (GA 61 S. 132)

Den Begriff 'Gegenbewegung' verbindet Heidegger – wie die anderen genannten Ausdrücke – meistens ausgesprochen mit der philosophischen Interpretation, folglich kann die philosophische Interpretation das Vehikel des Widerstandes gegen die Ruinanz sein. Es wäre gleichwohl irreführend, die Ebene der Philosophie von der des faktischen Lebens scharf zu trennen. Wie stark die Grenzen zwischen diesen beiden Ebenen – auch in dieser Hinsicht – oszillieren, veranschaulichen die folgenden Zitate besonders gut: „Philosophie ist ein Grundwie des Lebens selbst, so daß sie es eigentlich je wieder-holt, aus dem Abfall zurücknimmt, welche

[97] Bereits hier ist zu bemerken, daß die Untersuchung der Phänomene der Angst, des Seins zum Tode und des Gewissens nicht nur den Zweck hatte, die inneren Möglichkeiten der Selbstaneignung aufzuzeigen, sondern sie bot einerseits auch für die Frage nach dem Sinn des Seins von Dasein eine unentbehrliche Erfahrungsgrundlage, wodurch sie auch den Prozeß der Selbstaneignung der Philosophie förderte, andererseits kann die Analyse an und für sich einen Anhaltspunkt für das alltägliche Dasein bedeuten, sich den Verfallstendenzen entgegenzusetzen.

[98] Heidegger spricht an einer Stelle auch noch in *Sein und Zeit* von Gegenzug: „Die Freilegung des ursprünglichen Seins des Daseins muß ihm vielmehr *im Gegenzug* zur verfallenden ontisch-ontologischen Auslegungstendenz *abgerungen* werden.“ (SZ S. 311)

Zurücknahme selbst, als radikales Forschen, Leben ist." (GA 61 S. 80) In derselben Vorlesungsreihe – nur an einer anderen Stelle – charakterisiert Heidegger die philosophische Tätigkeit als den „*Kampf* der philosophischen faktischen Interpretation *gegen ihre eigene faktische Ruinanz.*" (a.a.O., S. 153) Also die Philosophie – als das eine Grundwie des Lebens – wendet sich dem faktischen Leben zu, um dieses als das Seine aus dessen Verfallenheit wiederzuholen, wobei sie jedoch auch mit sich selbst als Philosophie ringen muß, da auch sie – als ein Wie des Lebens – von der Tendenz der Ruinanz bedroht ist.[99]
Die Phänomenologie als Gegenbewegung zeichnet sich durch das Fragen und durch das In-Frage-stellen aus. „Eine *gegenruinante Bewegtheit* ist die des *philosophischen Interpretationsvollzugs*, und zwar so, daß sie sich vollzieht in der angeeigneten *Zugangsweise der Fraglichkeit.*" (ebd.) Das Fragen, das In-Frage-stellen kann in der Auflockerung sowohl der alltäglichen öffentlichen Ausgelegtheiten wie auch in der als Standpunktphilosophie verstarrten Denktradition eine zentrale Rolle spielen. Für Heidegger kann die Neubegründung des Philosophierens, die Rückkehr zu den Anfängen, zu dem Ursprung, wie früher schon gesehen, „durch einen rücksichtslosen Radikalismus der Fragestellung" vonstatten gehen (GA 56/57 S. 127). Die Entfaltung der Philosophie kann nur und ausschließlich mit Hilfe eines radikalen Fragens erfolgen, indem die vorgegebenen Begriffsstrukturen und Einstellungen in Frage gestellt werden (vgl. z.B. GA 56/57 S. 66 f., GA 61 S. 35, 56). Von außerordentlichem Belang ist, daß in diesem radikalen Fragen existenzielle Fragen mit äußerstem Gewicht und mit größtem Einsatz gestellt werden: Das Fragen muß auch den Fragenden selbst in Frage stellen (vgl. GA 61 S. 56, PIA S. 245, GA 63 S. 17).[100] „'Fragen' ist: 'weiter', 'zurück', 'wiederholend' fragen, fragwürdiger werden *im Fragen!*" (GA 61 S. 189 f.) Das radikale Fragen der Philosophie ist, soweit sie auf die Auflockerung jener öffentlichen Ausgelegtheiten gerichtet ist, die die Verfallstendenzen fixieren, eine Gegenbewegung, ein Kampf, der sich den alltäglichen Bewegungsrichtungen des faktischen Lebens widersetzt. Dieser Widerstand erschöpft sich keineswegs in einem auflockernden Abbau, sondern er zeigt – im Sinne der Ursprungswissenschaft – in die Richtung des Verstehens und der Wiederaneignung unserer selbst. Den Abbau und die Wiederaneignung wollte Heidegger mit dem Begriff 'Destruktion' erfassen. Die Destruktion, die, wie früher gezeigt, neben Reduktion und

---

[99] Gethmann schreibt in seiner Interpretation zur Philosophie des jungen Heidegger: „Die das Philosophieren ausmachenden Operationen sind nicht Akte, [...] sondern sie sind Lebensweisen, deren Spezialität darin liegt, daß sie bestimmte Lebensweisen aus einer Totalität (dem 'In-der-Welt-sein') 'herauslegen': d.h. identifizieren, präparieren, artikulieren." Gethmann spricht bei der Charakterisierung dieser Art zu philosophieren von der "*Identitätsphilosophie des Lebens*" (Gethmann 1986/87 S. 43. f., vgl. auch Hogemann 1986/87 S. 58).
[100] Heidegger formuliert auch noch 1935 so: „Die Bestimmung des Wesens des Menschen ist *nie* Antwort, sondern wesentlich Frage." (EM S. 107)

Konstruktion die dritte wesentliche Komponente der Phänomenologie ist, bedeutet also zugleich „Abbau" und „positive Aneignung" (GA 24 S. 31).[101]
Unter dem Aspekt der Gegenbewegung gegen die Verfallenheit besteht die Bedeutung der Destruktion ganz gewiß darin, daß sie den Weg zu uns eröffnet. Heidegger stellt in dem Gedankengang seiner Rezension über Jaspers eine eindeutige Verbindung zwischen der Destruierung der „irgendwie noch wirksam erfahrene[n] Tradition" und der Aufgabe der „*Selbstaneignung des Selbst*" (GA 9 S. 34.f., vgl. Jamme 1986/87 S. 78). Einige Jahre später erläutert Heidegger – bereits in der Sprache der Ontologie – das folgende: „Die Hermeneutik hat die Aufgabe, das je eigene Dasein in seinem Seinscharakter diesem Dasein selbst zugänglich zu machen, mitzuteilen, der Selbstentfremdung, mit der das Dasein geschlagen ist, nachzugehen. In der Hermeneutik bildet sich für das Dasein eine Möglichkeit aus, für sich selbst *verstehend* zu werden und zu sein." (GA 63 S. 15, vgl. Grondin 1991 a S. 128 f.)
Die Destruktion und das in ihren Ursprüngen Sehenlassen der Ausgelegtheiten, die das Selbstverstehen verhindern, können nicht nur der als hermeneutische Phänomenologie aufgefaßten Philosophie zu sich selbst verhelfen, sondern auch jenem Denker, der diese Art zu philosophieren als Leidenschaft und persönliche Angelegenheit betrachtet. Die echte Philosophie und das wahre Leben verbinden sich für Heidegger solcherart außerordentlich fest.[102] „Der *hermeneutische Einsatz* – das, worauf gleichsam wie auf eine Karte alles gesetzt ist –, [...] entspringt und entwächst einer Grunderfahrung, d.h. hier einem philosophischen Wachsein, in dem das Dasein ihm selbst begegnet. Das Wachsein ist philosophisch, das besagt: es ist lebendig in einer ursprünglichen *Selbstauslegung*, die Philosophie von ihr selbst sich gegeben hat, dergestalt, daß sie eine entscheidende Möglichkeit und Weise der Selbstbegegnung des Daseins ausmacht." (GA 63 S. 18)
In der Auffassung des jungen Heidegger hat die Philosophie somit als eine ihrer wichtigsten Aufgaben, sich unter Zuwendung zum Leben dessen Verfallstendenzen zu widersetzen zu versuchen, und zwar so, daß sie dieses – die überlieferten Ausgelegtheiten in Frage stellend, sie destruierend – durchleuchtet, zum Selbstverstehen bringt und dadurch letztlich das Leben in dessen alte Rechte wieder einsetzt, also *dem Leben es selbst als Möglichkeit zurückgibt*. Des weiteren ist die Philosophie selbst einer der Modi des Lebens, was einerseits besagt, daß die Philosophie selbst durch den Selbstverlust und durch die Verfallenheit bedroht ist,

---

[101] In bezug auf die Aufgabe der Destruktion der Ontologiegeschichte siehe z.B.: PIA S. 249 ff., SZ § 6, WP S. 33 f.
[102] Kisiel schreibt in seiner Interpretation zu den Vorlesungen von 1919 das folgende: „Phänomenologie dagegen ist nie abgeschlossen, immer vorläufig in der absoluten Versenkung in das Leben als solches. Ihre echten Einsichten sind nur zu gewinnen durch die ehrliche und rückhaltlose Versenkung in die Echtheit des Lebens und letztlich nur durch die Echtheit des *persönlichen* Lebens selbst." (Kisiel 1986/87 S. 100)

andererseits erweist sich jedoch *die philosophische Forschung – als Lebensform – als eine ausgezeichnete Möglichkeit des eigentlichen Seins.*

Bei einer solch engen Verbindung von Leben und Philosophie erhebt sich die Frage, ob vielleicht die Gefahr besteht, daß das Leben viel zu sehr von Philosophie durchsetzt wird, daß die Philosophie dem Leben Anweisungen gibt, was zu tun sei. Eine solche Bestrebung würde dem Heideggerschen Ziel zuwiderlaufen, daß das faktische Leben sich selbst aneignet, denn in diesem Fall träte die Philosophie an die Stelle der öffentlichen Ausgelegtheiten. Heidegger ist sich über diese Gefahr im klaren und der von ihm eingeführte Begriff der 'formalen Anzeige' versucht gerade eine Antwort auf dieses Problem zu sein.

Dieser Begriff hat eine doppelte Funktion: Heidegger spricht von einem hinweisenden und zugleich einem abhaltenden und verwehrenden Charakter (GA 61 S. 141). Von der positiven hinweisenden Art der phänomenologischen Forschung wurde oben im Zusammenhang mit der Schulung des phänomenologischen Sehens, der Überführung des Blickes und der Durchleuchtung der hermeneutischen Situation schon gesprochen. Die negative verwehrende Funktion berührt eigentlich die obige Frage: Demgemäß muß nämlich die phänomenologische Annäherungsweise zu ihrem Gegenstand *auch* Abstand halten, sie darf das Leben nicht als ein Seiendes auffassen, das über fixierte Grundeigenschaften verfügt (ebd.), sondern sie hat ihren freien Spielraum zu wahren. Die Anzeige kann dem Leben oder der Philosophie selbst zur Einsicht dessen verhelfen, wie weit sie von sich selbst ist, und dadurch kann sie ihr einen Anstoß zur konkreten Handlung geben, aber es „liegt in der Anzeige, daß die Konkretion nicht ohne weiteres zu haben ist" (ebd. S. 32, vgl. Gethmann 1986/87 S. 45). „Diese Unbestimmtheit des Gegenstandes 'mein Leben' ist methodisch kein Mangel, sondern sie gewährleistet gerade die freie und immer neue Zugangsmöglichkeit im Fortgang der Zeitigung des faktischen Lebens; eine Unbestimmtheit, die ihren Gegenstand nicht verwischt, sondern ihm die Möglichkeit sichert, genuin zu begegnen, die hinweist und doch nicht vorbestimmt." (GA 61 S. 175) Auch noch acht Jahre später formuliert Heidegger in ähnlicher Weise: Die phänomenologischen Begriffe „zeigen in das Dasein hinein. Da-sein aber ist immer – wie ich es verstehe – *meines.* Weil sie bei dieser Anzeige zwar ihrem Wesen nach je in eine Konkretion des einzelnen Daseins im Menschen hineinzeigen, diese aber nie in ihrem Gehalt schon mitbringen, sind sie *formal anzeigend.*" (GA 29/30 S. 429)

Die Einführung des Ausdruckes 'formale Anzeige' sucht sonach der Heideggerschen Bestrebung zur Geltung zu verhelfen, daß die Philosophie dem Leben nicht inhaltliche Direktiven gebe, sondern sie auf dessen Strukturzusammenhänge, wesentliche Tendenzen hinweise und dadurch den Blick des faktischen Lebens bzw. des menschlichen Daseins auf sich zurückführe und dem Menschen begreiflich mache, daß das Leben das je seine ist. Die Aufgabe der Philosophie besteht also nicht darin, einem die Last, die Lebensprobleme zu lösen, von den Schultern zu nehmen, sondern – gerade im Gegenteil – diese Last wieder aufzubürden (vgl. PIA S. 238). Die eigentliche Einstellung hat im allgemeinen nicht die Aufgabe, „ihm die 'Sorge' abzunehmen, sondern erst eigentlich als solche zurückzugeben." (SZ S. 122)

4.3. Die Eigentlichkeit und die Erfahrung der Endlichkeit

Heidegger hat in *Sein und Zeit* und in den Vorlesungen dieser Schaffensperiode – im Vergleich zu den frühen Freiburger Vorlesungen – andere Wege des Widerstands gegen das Verfallen herausgearbeitet. Er hat nun solche, vorphilosophischen und vortheoretischen Erfahrungen des menschlichen Lebens zum Gegenstand der phänomenologischen Untersuchung erhoben, die bewirken, daß das Dasein aus der Gefangenschaft der öffentlichen Ausgelegtheiten und des Man quasi hinausgeschleudert wird und so die Möglichkeit erhält, sein Verhältnis zu sich selbst neu zu gestalten. Selbstredend führt Heidegger auch in diesem Fall solche phänomenologischen Analysen durch, die formal anzeigend sind (vgl. GA 29/30 S. 425–429), und die Untersuchungen verfolgen weiterhin das Ziel, *sich an und für sich als Gegenbewegung dem Verfallen zu widersetzen*. Im Vergleich zu dem früher Dargelegten besteht die Veränderung darin, daß hier nicht nur die Bestrebung der phänomenologischen Analyse gegenruinant ist, sondern daß die von ihr untersuchten Erfahrungen schon an und für sich, vor jeder Philosophie, gegenruinante Alternativmöglichkeiten in sich bergen.
Heidegger versucht durch die Untersuchung dreier Phänomene, der Angst, des Seins zum Tode und des Gewissens, die möglichen Wege der Eigentlichkeit aufzudecken. Der gemeinsame Punkt dieser drei Erfahrungswege ist, daß das Ausbrechen aus den öffentlichen Ausgelegtheiten durch die Erfahrung der menschlichen Endlichkeit möglich wird. Die eigene Endlichkeit erfährt das menschliche Dasein – laut der Heideggerschen Analysen – durch das Phänomen des Nichts.[103] Der Einbindung der Erfahrung von der menschlichen Endlichkeit in die philosophische Problematik kommt in bezug auf den Wissenschaftsbegriff von Heidegger

[103] Schon eingangs ist festzuhalten, daß die Untersuchungen Heideggers zur Erfahrung des Nichts nichts mit irgendeinem Nihilismus zu tun haben. Meines Erachtens bedeutet die verschiedenartige Selbstoffenbarung des Phänomens des Nichts die Erfahrung der verschiedenen Dimensionen der menschlichen Endlichkeit. Um mit Mihály Vajda zu sprechen: „Unserer eigenen Endlichkeit ins Auge zu sehen, das ist die entscheidende neue Wende in der abendländischen Philosophie. Dies ist es, was in Heideggers Philosophie geschieht" (Vajda 1991 S. 272). Die Untersuchungen des Phänomens des Nichts sind übrigens – den inneren Regeln der

deshalb größte Bedeutung zu, weil das Programm der als existenziale Analytik aufgefaßten Fundamentalontologie, und durch sie der Begründung der Wissenschaften, von der Frage unmittelbar betroffen ist, ob die menschliche Existenz als Grund in Betracht kommen darf.

Das erste in *Sein und Zeit* analysierte Phänomen, durch das für das Dasein die Endlichkeit seiner selbst erschlossen wird, ist die Angst. Heidegger, der die Angst der Furcht gegenüberstellt, betont: Während das Wovor der Furcht ein konkretes innerweltliches Seiendes ist, das uns in der Befindlichkeit der Furcht als Bedrohendes über den Weg läuft, ist das „Wovor der Angst völlig unbestimmt." (SZ S. 186) In der Angst sinkt jener Bedeutsamkeitszusammenhang, der in der Alltäglichkeit den Horizont unserer Handlungen bildet, „in sich zusammen. Die Welt hat den Charakter völliger Unbedeutsamkeit." (ebd.) Der Heideggerschen Analyse zufolge reißt uns die Angst aus dem Heimischsein unserer gewöhnlichen Tätigkeiten. Die sinn- und bedeutungslos gewordene Welt bietet keinen Anhaltspunkt mehr, in eine konkrete Handlung zu fliehen und „die *Welt als Welt*" tut sich so uns auf (a.a.O., S. 187).

Was bedeutet nun der Ausdruck *die Welt als Welt*? Die Welt umgibt in der Alltäglichkeit das menschliche Dasein als nicht umgehbarer Horizont. Die sich eröffnenden Möglichkeiten, die Unzahl der Modi des Seinkönnens von Dasein liegen allesamt innerhalb von der Welt als umfassendem Horizont. Die alltäglichen Praxen des menschlichen Daseins führen nicht über die Bedeutungsnetze der Welt hinaus. Das sinn- und bedeutungslos Werden, das in der Angst einsetzt, bedeutet gleichwohl gerade, daß die Welt dem Dasein nun nicht mehr mit konkreten Wegen zur Verfügung stehen kann und *das aus ihr ausgestoßene Dasein die vordem es als ganzheitlicher Horizont umgebende Welt in ihrer Kontingenz erblickt.* In der Welt die Welt erblicken besagt hier soviel, wie die Welt, in die das Dasein geworfen ist und bislang als nicht umgehbarer Horizont funktioniert hat, 'von außen', in ihrer Kontingenz sehen. Mit den treffenden Worten von Safranski: „Der Durchbruch zum *eigentlichen Sein* ereignet sich also als Kontingenzschock. [...] Die Angst macht offenbar, daß alltägliches Leben auf der Flucht vor seiner Kontingenz ist." (Safranski 1994 S. 195 f.)

„Worum sich die Angst ängstet, ist das In-der-Welt-sein selbst. In der Angst versinkt das umweltlich Zuhandene, überhaupt das innerweltlich Seiende. Die 'Welt' vermag nichts mehr zu bieten, ebensowenig das Mitdasein Anderer. Die Angst benimmt so dem Dasein die Möglichkeit, verfallend sich aus der 'Welt' und der öffentlichen Ausgelegtheit zu verstehen. Sie wirft das Dasein auf das zurück,

---

Phänomenologie gemäß – streng, Heidegger legt die zu diesem Phänomen hinführenden Wege als Zugangsmodi Schritt für Schritt sehr anschaulich frei, und er sucht diesen ungewöhnlichen Gegenstand so vorzuzeigen, wie er in diesen extremen Erfahrungssituationen erscheint.

worum es sich ängstet, sein eigentliches In-der-Welt-sein-können. Die Angst vereinzelt das Dasein auf sein eigenstes In-der-Welt-sein. [...] Die Angst offenbart im Dasein das Sein *zum* eigensten Seinkönnen, das heißt das *Freisein für* die Freiheit des Sich-selbst-wählens und -ergreifens." (SZ S. 187 f.)

An dem Ausdruck *Freisein für die Freiheit* ist das Geheimnisvollste, was diese Verdoppelung des Freiheitsbegriffes auf sich hat. Zu interpretieren ist das so, daß die Freiheit, uns selbst zu wählen, das Freisein voraussetzt, und dieses Freisein, das als Anhaltspunkt dient, mit jener soeben behandelten vereinzelten Position gleichzusetzen ist, in die das Dasein von der Angst gestoßen wird. In dieser äußersten Position nämlich erfährt sich das Dasein, konfrontiert mit der eigenen Endlichkeit, als kontingentes Möglichsein. Diese Erfahrung hat er schließlich dem Umstand zu verdanken, daß die ihm vorhin so heimische Welt an eine totale Sinn- und Bedeutungslosigkeit verfällt, „die sich im Nichts und Nirgends bekundet" (SZ S. 187). *In dem Hintergrund des Nichts der Welt* zeigt sich uns *die Ganzheit und die Kontingenz* unseres In-der-Welt-seins. Zu dieser äußersten Erfahrung ist ein 'Fleckchen Erde' nötig, das das Ergebnis der in der Angst einsetzenden Vereinzelung ist und von dem das Dasein sich quasi wendend sein Sein als das je seine wählen kann. Die je ersten zwei Glieder der Ausdrücke 'Sein zum eigensten Seinkönnen' und 'Freisein für die Freiheit des Sich-selbst-wählens' verweisen auf dieses 'Fleckchen Erde', worauf das Dasein von der Angst geworfen worden ist und *woher* es in seinem eigensten Seinkönnen, also in der Freiheit, sich selbst zu wählen, sich in die Welt zurückwählen kann. Diese extreme Position kann ihre ausgezeichnete Stellung dem Umstand verdanken, daß dem Dasein selbst sein eigenes, endliches Sein in dieser äußersten Vereinzelung vor dem Hintergrund des Nichts – der Nichtigkeit seines eigenen Seins – offenbart. *Das durch die Befindlichkeit erschlossene und verstandene Nichts können wir also als einen Horizont auffassen, in dem sich dem Dasein sein Sein als endlich und das je eigene zeigt, und die Angst als ein Geschehnis, das – das Dasein vereinzelnd – für das Dasein diesen Horizont aufreißt.*

Die Zuwendung zur Möglichkeit unseres eigenen Todes stößt uns auch aus dem Umkreis unserer alltäglichen Tätigkeiten heraus und eröffnet uns unsere Endlichkeit in einer noch ursprünglicheren Weise. In dem Tod erblickt Heidegger kein abgesondertes Ereignis, das irgendwann mal einsetzen wird, sondern erfaßt ihn als ein Phänomen, das letztendlich zur Struktur des In-der-Welt-seins gehört. Wie wir uns auch immer zu unserem eigenen, irgendwann mal einsetzenden Tod verhalten, unser Sein enthält demzufolge schon immer diese Möglichkeit. Das menschliche Dasein trägt dadurch, daß es es gibt, auch solche Möglichkeiten in sich, die noch nicht aktualisiert sind und in diesem Sinne 'ist' das Dasein als das eigene Ende. Heidegger behauptet damit natürlich nicht, daß das Dasein schon zu Ende sei, vielmehr will er das „*Sein zum Ende*" dieses Seienden interpretieren (SZ S. 245).

„Der Tod ist eine Weise zu sein, die das Dasein übernimmt, sobald es ist." (ebd.) Die Ausdrücke 'Sein zum Ende' und 'Sein zum Tode' fassen solche existenzialen Bestimmtheiten des menschlichen Daseins in Worte, die sich nicht auf die ontische Ebene beziehen, also nicht darauf, wie wir uns jeweilig zur Möglichkeit unseres eigenen Todes verhalten, sondern auf die ontologische Ebene, also auf die Ebene der Seinsstruktur des Daseins. Früher haben wir schon gesehen, daß Heidegger das Dasein als Möglichsein aufgefaßt hat, und somit erschöpft sich das menschliche Dasein seiner Ansicht nach nie darin, wie es jeweils ist, sondern es existiert als seine eigenen Möglichkeiten und Seinkönnen.

Auch der Tod ist eine Seinsmöglichkeit des Daseins, und zwar eine ausgezeichnete: „Der Tod ist die Möglichkeit der schlechthinnigen Daseinsunmöglichkeit. So enthüllt sich der *Tod* als die *eigenste, unbezügliche, unüberholbare Möglichkeit*." (SZ S. 250) Die eigenste Möglichkeit kann er sein, weil es in dieser Möglichkeit „dem Dasein um sein In-der-Welt-sein schlechthin" geht. Unbezüglich, da „in ihm alle Bezüge zu anderem Dasein gelöst" sind. Unüberholbar, denn als „Seinkönnen vermag das Dasein die Möglichkeit nicht zu überholen." (ebd.)

Diese letztendliche, ausgezeichnete Möglichkeit bestimmt das Sein des menschlichen Daseins schlechthin und unbedingt, ob es sich zu dieser Möglichkeit zu- oder von ihr abwendet. Für uns ist hier der eigentliche Modus des Seins zum Tode von besonderem Interesse, weil dieser in bezug auf die Endlichkeit des Menschen ursprüngliche Erfahrungen in sich birgt. Wenn sich das menschliche Dasein dem Sein zum Tode gegenüber öffnet, dann wendet es sich, wie gesehen, eigentlich einer Möglichkeit zu. Diese unterscheidet sich indessen radikal von jenen Möglichkeiten, die uns im allgemeinen begegnen. In der Welt des Zuhandenen suchen wir die Möglichkeiten zu verwirklichen und sie dadurch als Möglichkeiten hinter uns zu lassen, „die *Möglichkeit* des Möglichen durch Verfügbarmachen zu *vernichten*" (SZ S. 261). Diese letzte Möglichkeit jedoch hinter uns zu bringen steht gleichwohl nicht in unserer Macht, denn die Erfüllung dieser Möglichkeit mit der Unmöglichkeit, mit dem Aufhören unseres Daseins einhergeht. Es kann demnach die Rede nur davon sein, daß wir uns zu dieser Möglichkeit als Möglichkeit verhalten. „Im Sein zum Tode [...] muß die Möglichkeit ungeschwächt *als Möglichkeit* verstanden, *als Möglichkeit* ausgebildet und im Verhalten zu ihr *als Möglichkeit ausgehalten* werden." (SZ S. 261)

Die ganzheitliche existenziale Zuwendung zur Möglichkeit unserer eigenen Unmöglichkeit, das Verstehen dieser Möglichkeit als faktiche Möglichkeit nennt Heidegger Vorlaufen (vgl. S. 262 f.). Das Vorlaufen selbst ist ebenfalls Möglichkeit, die Möglichkeit des Daseins, und zwar die „Möglichkeit *eigentlicher Existenz*". Die Erfahrungssphäre, die sich im Vorlaufen offenbart, ist jener ähnlich, die sich in der Angst erschlossen wurde. „Die im Vorlaufen verstandene Unbezüglichkeit des Todes vereinzelt das Dasein auf es selbst. Diese Vereinzelung ist eine

Weise des Erschließens des 'Da' für die Existenz. Sie macht offenbar, daß alles Sein bei dem Besorgten und jedes Mitsein mit Anderen versagt, wenn es um das eigenste Seinkönnen geht." (SZ S. 263) Die Angst und das Vorlaufen stehen in einem engen Zusammenhang miteinander. In der Angst „befindet sich das Dasein *vor* dem Nichts der möglichen Unmöglichkeit seiner Existenz. Die Angst ängstet sich *um* das Seinkönnen des so bestimmten Seienden und erschließt so die äußerlichste Möglichkeit. Weil das Vorlaufen das Dasein schlechthin vereinzelt [...], gehört zu diesem Sichverstehen des Daseins aus seinem Grunde die Grundbefindlichkeit der Angst. Das Sein zum Tode ist wesenhaft Angst." (SZ S. 266)
Die echte Konfrontation mit der Möglichkeit unseres eigenen Todes reduziert also das Dasein ebenfalls auf es selbst und eröffnet ihm eine neue Dimension der Erfahrung der Endlichkeit. Die Bewegung bleibt gleichwohl an diesem Punkt keineswegs stehen. Unter dem Aspekt der Erfahrung von Endlichkeit und eigener endlicher Existenz konstituiert sich das alltägliche In-der-Welt-sein, das Verhältnis zu den Dingen und zu den Anderen aufs neue. „Das Versagen des Besorgens und der Fürsorge bedeutet jedoch keineswegs eine Abschnürung dieser Weisen des Daseins vom eigentlichen Selbstsein. [...] Das Dasein ist eigentlich es selbst nur, sofern es sich *als* besorgendes Sein bei ... und fürsorgendes Sein mit ... primär auf sein eigenstes Seinkönnen, nicht aber auf die Möglichkeit des Manselbst entwirft." (SZ S. 263) Im Lichte dessen, was in der Vereinzelung erfahren werden konnte, kann also das Dasein sein Verhältnis zu den Anderen und zu den Dingen neu schaffen, also der reduktiven, resolutiven Phase folgt die Komposition, nach dem Abschnitt der Ablösung der Verhältnisse der Abschnitt von deren erneutem Binden.[104] Die Neuformulierung der Verhältnisse geht somit unter Einbindung der nichts verhehlenden Erfahrung der Endlichkeit gerade unter dem Aspekt derselben vor sich. *In der Seinsweise der Eigentlichkeit formuliert das Dasein den Bezug seiner selbst und der 'Welt' sowie seine alltäglichen Seinsweisen mithin gerade nicht sub specie aeternitatis, sondern unter dem Aspekt der als die seine eigene erfahrenen, endlichen, vereinzelten Existenz.*
Das nächste Phänomen, das Heidegger unter den Möglichkeiten der Eigentlichkeit des Daseins in *Sein und Zeit* analysiert hat, ist das Gewissen. In unserem kurzen Überblick werden wir erneut bestrebt sein, jene Punkte der Heideggerschen Untersuchungen zum Gewissen hervorzuheben, mit deren Hilfe der Verfasser neue Dimensionen der menschlichen Endlichkeit behandelt hat, um ihre entscheidende Relevanz in der eigentlichen Neuformulierung des Verhältnisses des Daseins zu sich selbst und zu dem nicht daseinsmäßigen Seienden aufzuzeigen.
Heidegger versteht das Gewissen – im Gegensatz zu den vulgären, alltäglichen Interpretationsrichtungen – als Ruf. Das Rufen ist eigentlich ein Bewegen, ge-

[104] Über diese „existenznotwendige Rückkehr zur Welt" siehe Merker 1988 S. 220 ff.

nauer gesagt ein Aufrufen, sich von irgendwo irgendwohin zu bewegen. Dementsprechend versucht Heidegger das Gewissen so zu interpretieren, daß er dieses Woher und Wohin aufzudecken trachtet. Das Rufen sagt etwas und versucht durch dieses Sagen zu bewegen. Heidegger ist der Ansicht, daß das Gewissen als Ruf etwas zu verstehen gibt, mitteilt, was diese Bewegung in Gang setzen kann.
„Das Gewissen gibt 'etwas' zu verstehen, es *erschließt.*" (SZ S. 269) „Das Gewissen erschließt und gehört deshalb in den Umkreis der existentialen Phänomene, die das *Sein des Da* als Erschlossenheit konstituieren." (SZ S. 270) Dieses Zuverstehen-geben, dieses Erschließen ist weder eine Übergabe von Information noch die Erzählung von Geschichten, die sich auf der ontischen Ebene zutragen würde. „*Was* ruft das Gewissen dem Angerufenen zu? Streng genommen – nichts. Der Ruf sagt nichts aus, gibt keine Auskunft über Weltereignisse, hat nichts zu erzählen. [...] *Das Gewissen redet einzig und ständig im Modus des Schweigens.*" (SZ S. 273) „Der Ruf 'sagt' *nichts.*" (SZ S. 280)
Heidegger gibt in bezug auf die Frage des Woher die folgende Antwort: „Der Ruf trifft das Dasein in diesem alltäglich-durchschnittlich besorgenden Sich-immer-schon-verstehen. Das Man-selbst des besorgenden Mitseins mit Anderen wird vom Ruf getroffen." (SZ S. 272) Das Woher ist sonach der alltägliche Seinsmodus des Daseins, das an die öffentlichen Ausgelegtheiten des Man verfallen ist. Ähnlich wie in den Analysen zu den Phänomenen der Angst und des Seins zum Tode steht auch hier im Mittelpunkt, wie das Dasein aus der Welt der durchschnittlichen Alltäglichkeit ausgestoßen bzw. herausgerissen wird. Nach all dem kann das Wohin keine Frage mehr sein. „Auf das Selbst wird das Man-selbst angerufen." (SZ S. 273) „Auf das *eigene Selbst.*" (ebd.)
Der Ruf des Gewissens ist also eine Herausforderung aus der zu Selbstverlust und Aufgehen führenden Tätigkeit, aus dem uneigentlichen Zusammensein mit anderen und ein Aufruf zur Wiederwahl unserer selbst. Sonach ist verständlich, warum sich das Gewissen durch den Modus des Schweigens dem Dasein mitteilt. Die Stille, das Nichts des Schweigens nämlich – ähnlich wie das Nichts, das in der Angst und in dem Sein zum eigentlichen Tod erfahren worden ist – unterbricht die Betriebsamkeit der uneigentlichen Seinsweisen, es unterbricht das neugierige Gerede, das von den Ausgelegtheiten des Man gesteuert ist. *Das Gewissen macht dem Dasein durch sein 'mitteilsames' Schweigen dessen bewußt, daß es vor dem Schweigen der Begegnung mit sich selbst in den 'Lärm' seiner Geschäftigkeiten und Beschäftigungen flieht.*
Der Ruf des Gewissens ruft das Dasein nicht nur zu seinem eigensten Selbstseinkönnen auf, sondern dieser Ruf geschieht – im Vergleich zur Angst und zum eigentlichen Sein zum Tode als neues Moment – „in der Weise des Anrufs zum eigensten Schuldigsein" (SZ S. 269). Heidegger will das „Schuldig*sein* des Daseins", „das heißt die Idee von 'schuldig'" – im Sinne der ontologischen Orientie-

rung von *Sein und Zeit* – „aus der Seinsart des Daseins" erfassen (SZ S. 283). Bei der phänomenologischen Analyse dieser Idee will Heidegger jene vulgäre Interpretation von Schuld und Sünde fernhalten, die in der Schuld einen solchen Mangel, ein solches Fehlen von etwas erblickt, das den Seinsmodus des Vorhandenseins hat (vgl. SZ S. 283). Heidegger erkennt gleichwohl an, daß der Nicht-Charakter irgendwie in der Idee von *schuldig* mitbegriffen ist und bestimmt daher die „formal existenziale Idee des 'schuldig'" folgendermaßen: „Grundsein für ein durch ein Nicht bestimmtes Sein – das heißt *Grundsein einer Nichtigkeit*" (ebd.).[105] Heidegger betont, daß die Art und Weise, wie das Grundsein einen Nicht-Charakter hat, nichtig ist, nicht von einem daraus hervorgehenden Fehlen interpretiert werden darf. „Der Grund braucht nicht erst seine Nichtigkeit von seinem Begründeten zurückzuerhalten. Darin liegt aber dann: *Das Schuldigsein resultiert nicht erst aus einer Verschuldung, sondern umgekehrt: diese wird erst möglich 'auf Grund' eines ursprünglichen Schuldigseins.*" (SZ S. 284) Das ursprüngliche Schuldigsein ist mit dem Sein des menschlichen Daseins verbunden. Diese ontologische Ebene läßt sich also anhand ontischer Geschehnisse, vorhandener Dinge oder durch Regeln nicht messen. Diese ontologische Ebene dient auch hier als die Möglichkeitsvoraussetzung aller ontischen Geschehnisse, und nicht etwa umgekehrt.

Heideggers Frage will also in Erfahrung bringen, welchen Ursprungs die Schuld als ontisches Ereignis ist, und er sucht diesen Ursprung – auf der Ebene der Ontologie – in dem Sein des menschlichen Daseins. Vorhin haben wir gesehen, daß Heidegger das Dasein als Grundsein auffaßt, als das Grundsein der aus ihm hervorgehenden Geschehnisse, Mängel, Nichtigkeiten. So wird die obige Frage folgendermaßen umformuliert: In welchem Sinne kann von dem Dasein als Grundsein geredet werden und in welchem Zusammenhang steht dies damit, daß sich das Dasein als das Grundsein von Nichtigkeiten erweist? Wie hängen die Art, wie das Dasein als Grundsein existiert, bzw. das Schuldigsein des Daseins zusammen?

Heidegger will auf diese Fragen durch weitere Untersuchungen zu den Phänomenen der Geworfenheit und des Entwurfes antworten. „Seiend ist das Dasein geworfenes, *nicht* von ihm selbst in sein Da gebracht. Seiend ist es als Seinkönnen bestimmt, das sich selbst gehört und doch *nicht* als es selbst sich zu eigen gegeben hat. Existierend kommt es nie hinter seine Geworfenheit zurück" (SZ S. 284). In § 9 erblickt Heidegger das 'Wesen' des Daseins darin, daß es sein muß (vgl. SZ S. 42), die Geworfenheit des Daseins bedeutet also auch, daß das Dasein sein muß, obwohl es sich selbst nicht ins Leben ruft, diese ursprüngliche Geworfenheit steht jenseits seiner Macht.

---

[105] Zum Schuldbegriff von Heidegger siehe die Analyse von László Tengelyi (Tengelyi 1992 S. 89-104).

Die Geworfenheit bedeutet auch, daß das Dasein als Grundsein solcherart zum notwendigen Grund verschiedener Geschehnisse wird, daß es diesen Grund nicht selbst gelegt hat. Das Dasein als geworfenes kann nur als es selbst existieren und muß sich als Grundsein übernehmen. „Der eigene geworfene Grund zu sein, ist das Seinkönnen, darum es der Sorge geht.“ (SZ S. 284) Das Dasein ist schließlich der Grund all seiner Möglichkeiten und Seinkönnen, deshalb bleibt das Dasein als „Grund-seiend, das heißt als geworfenes existierend [...] ständig hinter seinen Möglichkeiten zurück. Es ist nie existent *vor* seinem Grunde, sondern je nur *aus ihm* und *als dieser*. Grundsein besagt demnach, des eigensten Seins von Grund auf *nie* mächtig sein. Dieses *Nicht* gehört zum existentialen Sinn der Geworfenheit. Grundseiend *ist* es selbst eine Nichtigkeit seiner selbst.“ (ebd.) Heidegger betont, daß diese Nichtigkeit nicht von dem Seinsmodus des Daseins her zu interpretieren sei, „sondern [...] ein Nicht [meint], das dieses *Sein* des Daseins, seine Geworfenheit, konstituiert.“ (ebd.) Das Sein des Daseins ist also, sofern es geworfenes ist, nichtig.

Das Sein des Daseins ist aber nicht nur wegen seiner Geworfenheit nichtig, sondern auch wegen einer anderen grundsätzlichen Komponente seiner Struktur, wegen des Entwurfs. Den Entwurf kann man – Heidegger zufolge – nicht scharf von der Geworfenheit trennen, der Entwurf ist nämlich stets geworfen (vgl. SZ S. 145, 148, 223). „Der Entwurf ist nicht nur als je geworfener durch die Nichtigkeit des Grundseins bestimmt, sondern *als Entwurf* selbst wesenhaft *nichtig*.“ (SZ S. 285) Der Entwurf verschließt nämlich andere Möglichkeiten, insofern er einen bestimmten Möglichkeitsraum für das Dasein erschließt, notwendigerweise, jedenfalls muß er diese außer Acht lassen. Die Freiheit des Daseins besteht nicht nur in der Wahl von etwas, sondern auch in dem notwendigen Erdulden des Versäumnisses anderer Wahlmöglichkeiten (vgl. ebd.).

„In der Struktur der Geworfenheit sowohl wie in der des Entwurfs liegt wesenhaft eine Nichtigkeit. [...] *Die Sorge selbst ist in ihrem Wesen durch und durch von Nichtigkeit durchsetzt.* Die Sorge – das Sein des Daseins – besagt demnach als geworfener Entwurf: Das (nichtige) Grund-sein einer Nichtigkeit. Und das bedeutet: *Das Dasein ist als solches schuldig*“ (SZ S. 285). Der Ausdruck ‘das (nichtige) Grund-sein einer Nichtigkeit’ enthält gleich zweimal den Begriff ‘nichtig’, und dies ist keineswegs Zufall. Heidegger gab sich größte Mühe, das Phänomen des Mangels, das zur Seinsweise des Vorhandenseins gehört, von dem Nicht-Charakter des Grundseins zu unterscheiden. Der Ausdruck ‘(nichtiges) Grund-sein’ bezieht sich offenbar auf die Nichtigkeit des Seins des Daseins, die eine Folge der Nichtigkeit von Geworfenheit und Entwurf ist, während sich das Wort ‘Nichtigkeit’ auf die Folgen dieses Grund-seins bezieht.

Heidegger faßte die ontologische Analyse des Schuldigseins folgendermaßen zusammen: „Der Anruf ist vorrufender Rückruf, *vor*: in die Möglichkeit, selbst

das geworfene Seiende, das es ist, existierend übernehmen, *zurück:* in die Geworfenheit, um sie als den nichtigen Grund zu verstehen, den es in die Existenz aufzunehmen hat. Der vorrufende Rückruf des Gewissens gibt dem Dasein zu verstehen, daß es – nichtiger Grund seines nichtigen Entwurfs in der Möglichkeit seines Seins stehens – aus der Verlorenheit in das Man sich zu ihm selbst zurückholen soll, das heißt *schuldig ist.*" (SZ S. 287)
Ähnlich wie bei dem eigentlichen Sein zum Tode betont Heidegger auch im Falle des Gewissens mit besonderem Nachdruck, daß die Bewegung, die die Eigentlichkeit charakterisiert, mit der Erfahrung der Vereinzelung und der Endlichkeit sowie mit der *entschlossenen* Übernahme unserer eigenen Schuldigkeit nicht abgeschlossen ist. Heidegger beschreibt die Neubindung der in der Vereinzelung aufgeweichten und abgelösten Verhältnisse wie folgt: „Diese *eigentliche* Erschlossenheit modifiziert aber dann gleichursprünglich die in ihr fundierte Entdecktheit der 'Welt' und die Erschlossenheit des Mitdaseins der Anderen. Die zuhandene 'Welt' wird nicht 'inhaltlich' eine andere, der Kreis der Anderen wird nicht ausgewechselt, und doch ist das verstehende besorgende Sein zum Zuhandenen und das fürsorgende Mitsein mit den Anderen jetzt aus deren eigenstem Selbstseinkönnen heraus bestimmt. Die Entschlossenheit löst als *eigentliches Selbstsein* das Dasein nicht von seiner Welt ab", sondern „bringt das Selbst gerade in das jeweilige besorgende Sein bei Zuhandenem und stößt es in das fürsorgende Mitsein mit den Anderen." (SZ S. 297 f.) Die Entschlossenheit als Gewissen-haben-wollen und das Vorlaufen als das eigentliche Sein zum Tode hängen miteinander aufs engste zusammen. „Entschlossen übernimmt das Dasein eigentlich in seiner Existenz, daß es der nichtige Grund seiner Nichtigkeit *ist.* Den Tod begriffen wir existential als die charakterisierte Möglichkeit der *Un*möglichkeit der Existenz, das heißt als schlechthinnige Nichtigkeit des Daseins. [...] Die das Sein des Daseins ursprünglich durchherrschende Nichtigkeit enthüllt sich ihm selbst im eigentlichen Sein zum Tode. Das Vorlaufen macht das Schuldigsein erst aus dem Grunde des *ganzen* Seins des Daseins offenbar. Die Sorge birgt Tod und Schuld gleichursprünglich in sich. Die vorlaufende Entschlossenheit versteht erst das Schuldigseinkönnen *eigentlich und ganz*, das heißt *ursprünglich.*" (SZ S. 306)
Die Analyse der Phänomene der Angst, des vorlaufenden Seins zum Tode und des Gewissens eröffnet dem Heideggerschen Denken die Möglichkeit, *die verschiedenen Dimensionen der ursprünglichen Endlichkeit des menschlichen Daseins* aufzudecken und zu zeigen, daß der rechte Umgang mit diesen Erfahrungen dem Dasein zu einer Neuaneignung seiner selbst verhelfen kann. Wie schon betont, haben nicht nur die ursprünglichen Erfahrungen, sondern auch deren phänomenologische Untersuchungen die Eigenart, sich *den Bewegungstendenzen des Verfalls* zu widersetzen. Gleichzeitig haben diese Untersuchungen in der Tektonik von *Sein und Zeit* eine weitere wichtige Rolle. Sie decken nämlich die Tiefenstruk-

turen des menschlichen Daseins auf und eröffnen dadurch Heidegger den Weg zur Beantwortung der Frage nach dem Sinn des Seins von Dasein, zur Problematik der Zeitlichkeit und – noch einen Schritt weiter – zu der der Geschichtlichkeit.
Von dieser Problematik haben wir einen einzigen – auch in bezug auf unser Thema wichtigen – Punkt in aller Kürze zu behandeln: Den Bezug zwischen menschlicher Endlichkeit und Geschichtlichkeit.
In § 65 von *Sein und Zeit* liefert Heidegger die phänomenologische Analyse der als den ontologischen Sinn der Sorge aufgefaßten Zeitlichkeit. In dieser Analyse spielt die vorlaufende Entschlossenheit eine ausgezeichnete Rolle. Das eigentliche Sein zum Tode ermöglicht die phänomenologischen Analyse dadurch, daß es das Dasein mit dessen eigenem Ende konfrontiert und so das menschliche Dasein gegenüber dessen Zukunftsbezogenheit aufschließt, nach der Möglichkeitsvoraussetzung dieser Erfahrung zu fragen und die Zukünftigkeit der Seinsstruktur des Daseins aufzudecken. „Das Vorlaufen macht das Dasein *eigentlich* zukünftig, so zwar, daß das Vorlaufen selbst nur möglich ist, sofern das Dasein *als seiendes* überhaupt schon immer auf sich zukommt, das heißt in seinem Sein überhaupt zukünftig ist.“ (SZ S. 325) Das Vorlaufen erschließt somit eine Erfahrungsebene, die auf ihre Möglichkeitsvoraussetzungen quasi zurückverweist, und Heideggers phänomenologische Analyse vermag durch die Verwertung dieser Erfahrung den zeitlichen – in unserem Fall vorerst nur zukünftigen – Charakter des Seins von menschlichem Dasein aufzudecken.
Heidegger verfährt bei der Analyse der anderen Zeitdimension, der Gewesenheit, ähnlich. „Die vorlaufende Entschlossenheit versteht das Dasein in seinem wesenhaften Schuldigsein. Dieses Verstehen besagt, das Schuldigsein existierend übernehmen, als geworfener Grund der Nichtigkeit *sein*. Übernahme der Geworfenheit aber bedeutet, das Dasein in dem, *wie es je schon war*, eigentlich *sein*. Die Übernahme der Geworfenheit ist aber nur so möglich, daß das zukünftige Dasein sein eigenstes ‘wie es je schon war’, das heißt sein ‘Gewesen’, sein kann. [...] Das Vorlaufen in die äußerste und eigenste Möglichkeit ist das verstehende Zurückkommen auf das eigenste Gewesen. Dasein kann nur eigentlich gewesen *sein*, sofern es zukünftig ist. Die Gewesenheit entspringt in gewisser Weise der Zukunft.“ (SZ S. 325 f.)
Ausgehend von der an dem eigentlichen Vorlaufen angeeigneten Erfahrungsbasis entwirft Heidegger eine ursprüngliche Zeitstruktur, für die grundsätzlich charakteristisch ist, daß sie – gegenüber der herkömmlichen uneigentlichen Zeitauffassung, die von der Gegenwart ausgeht und die Jetztpunkte in eine unendliche Reihe ordnet – die Zukunft, und zwar die endliche Zukunft, für vorrangig hält. „Die eigentliche Zukunft, die primär *die* Zeitlichkeit zeitigt, die den Sinn der vorlaufenden Entschlossenheit ausmacht, enthüllt sich damit selbst *als endliche*.“ (SZ S. 329 f.) Die eigentliche Zeitlichkeit als der Sinn des Seins von menschlichem

Dasein, die Heidegger aufgrund der Erfahrungsbasis der vorlaufenden – durch die menschliche Endlichkeit wesentlich bestimmten – Entschlossenheit herausgearbeitet hat, erweist sich also als endlich, und diesem Umstand kommt hinsichtlich der Geschichtlichkeit des Daseins größte Bedeutung zu.
Heidegger will die Geschichtlichkeit des menschlichen Daseins von dessen Zeitlichkeit her erfassen und nicht etwa umgekehrt. Damit hält er die Zeitlichkeit des Daseins für grundlegender und versteht sie als die Voraussetzung der Geschichtlichkeit (vgl. SZ S. 376). Das ist erneut ein Hinweis darauf, daß Heideggers Ansicht nach der grundlegenden Erfahrung der vorlaufenden Entschlossenheit nicht nur in bezug auf die Zeitlichkeit des Daseins, sondern auch hinsichtlich des Verstehens der Geschichtlichkeit größte Bedeutung zukommt. „Nur wenn im Sein eines Seienden Tod, Schuld, Gewissen, Freiheit und Endlichkeit dergestalt gleichursprünglich zusammenwohnen wie in der Sorge, kann es im Modus des Schicksals existieren, das heißt im Grunde seiner Existenz geschichtlich sein. [...] *Nur eigentliche Zeitlichkeit, die zugleich endlich ist, macht so etwas wie Schicksal, das heißt eigentliche Geschichte möglich.*" (SZ S. 385)
Bei der Deutung dieser Gedanken scheint sinnvoll, jenen vorhin schon analysierten Vorgang heraufzubeschwören, in dem das Dasein – durch die Erfahrung des Nichts – nach der Konfrontation mit seiner eigenen Endlichkeit im Lichte dieser Erfahrung seine Verhältnisse, Bezüge und Beziehungen sich neu aneignet und neu gestaltet. In Zusammenhang mit der Geschichtlichkeit geht ein ähnlicher Prozeß vonstatten. Das Vorlaufen zur Möglichkeit unseres Todes konfrontiert uns nämlich nicht nur mit unserer endlichen Zukünftigkeit, sondern sie wirft uns gleichsam quasi auch auf unsere Vergangenheit zurück. Das Vorlaufen in die Möglichkeit bedeutet „keine Spekulation über sie, sondern gerade ein Zurückkommen auf das faktische Da. [...] Die Entschlossenheit, in der das Dasein auf sich selbst zurückkommt, erschließt die jeweiligen faktischen Möglichkeiten eigentlichen Existierens *aus dem Erbe*, das sie als geworfene *übernimmt*. [...] Nur das Freisein *für* den Tod gibt dem Dasein das Ziel schlechthin und stößt die Existenz in ihre Endlichkeit. Die ergriffene Endlichkeit der Existenz reißt aus der endlosen Mannigfaltigkeit der sich anbietenden nächsten Möglichkeiten des Behagens, Leichtnehmens, Sichdrückens zurück und bringt das Dasein in die Einfachkeit seines *Schicksals*." (SZ S. 383 f.) Das Schicksal ist also das „in der eigentlichen Entschlossenheit liegende ursprüngliche Geschehen des Daseins" (ebd.).
Das eigentliche Sein zum Tode öffnet das Dasein, das „seine Vergangenheit 'ist'" (SZ S. 20), so auf sich selbst, daß sich dieses als ein aus Vergangenem und als Vergangenes Existierende versteht. Es ermöglicht dadurch, daß sich das Dasein als ein in überlieferte Ausgelegtheiten Geworfenes an- und übernimmt und so überhaupt zu einem Schicksal kommt. „*Das eigentliche Sein zum Tode, das heißt die*

Endlichkeit der Zeitlichkeit, ist der verborgene Grund der Geschichtlichkeit des Daseins." (SZ S. 386)
Das eigentliche Verhältnis zur Geschichtlichkeit des Daseins bedeutet sonach, daß sich das Dasein durch die Aufhebung seiner endlichen Zeitlichkeit für seine Geschichtlichkeit geöffnet wird, sich selbst als 'Gewesenes' versteht. Dementsprechend *wird die Überlieferung nicht als eine von der Gegenwart isolierte Antiquität interpretiert, sondern als ein Gewesenes, das ein Strukturelement des Seins von Dasein ist.* Die eigentliche Verhaltensweise zu *dieser* Überlieferung ist die Wiederholung in die Replik. Wiederholung in dem Sinne, daß sich das Dasein die gewesenen Existenzmöglichkeiten quasi 'anlegt'. „Die *Wiederholung ist die ausdrückliche Überlieferung*, das heißt der Rückgang in Möglichkeiten des dagewesenen Daseins." (SZ S. 385) Die Wiederholung darf gleichwohl nicht als die Zurückholung von Vergangenem verstanden werden. Vielmehr geht es darum, daß die Wiederholung „die Möglichkeit der dagewesenen Existenz" *erwidert* (SZ S. 386).

4.4. Die Eigentlichkeit und die Uneigentlichkeit in der Wissenschaft

Eigentlichkeit und Wissenschaft? In den Ohren von Heideggerkennern wird sich diese Frage noch widersinniger ausnehmen als Kisiels bereits zitierte Frage „Heidegger and science?". Von dem Verhältnis von Heidegger zu den Wissenschaften wurde, selbst wenn wenig, so doch gehandelt. Das soeben genannte Problem jedoch ist, jedenfalls in der von mir eingesehenen Fachliteratur, nicht thematisiert worden.[106] Dies hat offensichtlich seine Gründe. Einer dieser Gründe ist ganz gewiß, daß Heidegger die neuzeitliche Wissenschaft seit Mitte der 30er Jahre eindeutig als Teil der Geschichte der Seinsvergessenheit darstellt und als einen der

[106] Mit dieser Frage befassen sich nur wenige Autoren und keineswegs ausführlich: John Richardson analysiert in seinem bereits erwähnten Buch in erster Linie die cartesianische Epistemologie – unter anderem – auch unter dem Aspekt der Problematik Eigentlichkeit – Uneigentlichkeit. Er stellt in bezug auf die Nichtigkeit von Geworfenheit und Entwurf die Frage, ob die herkömmliche Epistemologie in der Lage ist, der aus den Nichtigkeiten folgenden Kontingenz in die Augen zu sehen. Er findet, daß selbst im optimalen Fall die Lage widersprüchlich sei, denn während beispielsweise Descartes in der ersten Meditation der Geworfenheit in die öffentlichen Ausgelegtheiten ins Auge schaut, antwortet er auf diese Frage mit der Bestrebung nach Gewißheit und nimmt von der Kontingenz, die in der Endlichkeit des Entwurfs verborgen ist, keine Notiz (Richadson 1986 S. 169–177). In diesem Zusammenhang wirft Richardson die Möglichkeit der eigentlichen Wissenschaft mit dem Hinweis auf eine Bemerkung von *Sein und Zeit* auf, wo Heidegger schreibt, der wissenschaftliche Entwurf sei „möglich, weil das In-der-Wahrheit-sein eine Existenzbestimmung des Daseins ausmacht. Der Ursprung der Wissenschaft aus der eigentlichen Existenz ist hier nicht weiter zu verfolgen" (SZ S. 363). Richardson verbindet diese eigentliche Möglichkeit der Wissenschaften mit der Annahme jener tieferen existenzialen Wahrheiten, die die Schranken der objektivierenden Einstellung erhellen (Richardson 1986 S. 176, vgl. S. 82). Barbara Merker beruft sich ebenfalls auf § 69 b, wenn sie

wesentlichsten Grundzüge der Wissenschaft die Betriebsamkeit ansieht (vgl. z.B. GA 65 S. 141–166, 156 ff., GA 5 S. 75–113, 83 ff.). Ein Grund ganz anderer Natur könnte sein, daß die Vorlesungen des jungen Heidegger erst in dem vergangenen Jahrzehnt in Druck erschienen sind und eben diese Vorlesungen die meisten relevanten Stellen in Zusammenhang mit der eigentlichen Möglichkeit der Wissenschaften enthalten. Der dritte, womöglich entscheidende Grund ist gleichwohl, daß in der von uns untersuchten Periode diese Frage auch von Heidegger nicht thematisch gestellt wird. Liest man seine Schriften unter diesem Gesichtspunkt durch, so stößt man ausschließlich auf zerstreute Sätze, geheimnisvoll anmutende Bemerkungen, nie aber auf zusammenhängende Erläuterungen.

Dieser letzte Umstand bestimmt die Verfahrensweise unserer Interpretation prägend mit. Ausgehend von der Hypothese, daß hier von einer latenten, dennoch zusammenhängenden Vorstellung gesprochen werden darf, sind wir der Überzeugung, daß die einschlägigen Textteile und Fragmente so aneinander zu fügen sind, daß dieses Puzzlebild das vermutete Konzept in seiner Ganzheitlichkeit wiedergibt. Es lohnt sich schon im vorhinein zu bemerken, daß sich anhand der Heideggerschen Texte – meiner Ansicht nach – ähnlich wie bei der Alltäglichkeit auch für die Wissenschaft zwei grundlegende mögliche Richtungen abzeichnen: Einerseits die Möglichkeit der echten (eigentlichen) Wissenschaft und die der sich verlierenden, in der Betriebsamkeit aufgehenden (uneigentlichen) Wissenschaft.

In bezug auf diesen Vergleich gilt es indessen, einen wichtigen Unterschied festzuhalten: Im Falle des faktischen Lebens bzw. der alltäglichen Verhaltensweisen des menschlichen Daseins hält Heidegger den Selbstverlust und die Selbstaneignung letzten Endes auch ohne die Einbeziehung der philosophischen Ebene für vorstellbar. Bei der Heideggerschen Auffassung der Wissenschaft ist dem gleichwohl nicht mehr so. Wir haben früher bereits gesehen, daß die Wissenschaftlichkeit in Wahrheit nur durch Philosophie verbürgt werden kann. Demnach hat sich die Wissenschaft, soweit sie sich ihr selbst zuwenden will, (auch) an die Philosophie zu wenden.[107] Insofern also in diesem Kontext von der *Selbst*aneignung die Rede ist, ist dies nur durch die Zuwendung zur Philosophie, die die Wissenschaftlichkeit verbürgt, vorstellbar. Die eigentliche, echt wissenschaftliche Einstellung wird unter anderem in der Offenheit dem philosophischen Fragen gegenüber offenbar werden.

---

schreibt: „Die Genese der Wissenschaften wie der Phänomenologie setzt Eigentlichkeit der Existenz voraus." (Merker 1988 S. 277) Theodore Kisiel beruft sich ebenfalls auf § 69 b, wenn er flüchtig darauf hinweist, daß die Wissenschaft für Heidegger eine eigentliche Weise des In-der-Welt-seins darstellen kann. Leider erläutert er nicht, was er hier meint, Folgerungen lassen sich lediglich aus dem Umstand ziehen, daß er diese Bemerkung in Zusammenhang mit der Verwurzelung der Wissenschaft in der Praxis bzw. mit dem wissenschaftsphilosophischen Konzept von Polányi niedergeschrieben hat (Kisiel 1978 S. 175).

[107] Dies bedeutet gleichwohl nicht, daß die jeweilige Fachdisziplin ihren disziplinären Grundzug verlieren würde.

Zum Begriff 'echte Wissenschaft' führt der Weg durch die Heideggersche Interpretation der Wissenschaftlichkeit. Im Kapitel 3.1. haben wir den Begriff der Wissenschaftlichkeit einer detaillierten Analyse unterzogen und kamen zu folgenden Ergebnissen: Die Wissenschaftlichkeit ist als Verhalten, als Einstellung aufzufassen, als die Erkämpfung und Bewahrung solcher Offenheit, die die Philosophie imstande setzt, sich unentwegt zu erneuern bzw. – negativ formuliert – zu vermeiden, sich als versteifter Standpunkt zu verlieren. Diese ursprüngliche Wissenschaftlichkeit läßt sich mit Hilfe positiver Thesen nicht sichern, sie ist vielmehr als eine Bewegung aufzufassen, die die Dimension der Offenheit zu sich selber durchmißt und die Grenzen dieser immer wieder hinauszuschieben versucht. Das radikale Fragen, das In-Frage-stellen und das Verstehen, das seinen eigenen Zugang durchleuchtet, charakterisieren diese Wissenschaftlichkeit. Verbürgt wird diese Wissenschaftlichkeit in echter Weise von der Philosophie als Ur-, bzw. Ursprungswissenschaft.

Unsere erste Frage bezieht sich darauf, wie sich die einzelnen Fachdisziplinen zu dieser ursprünglichen Wissenschaftlichkeit verhalten können. In einem eine Seite langen Fragment aus dem Jahre 1921/22, dem Heidegger die Überschrift „Wie 'Wissenschaften' ihre Voraussetzung haben" (GA 61 S. 159 f.) gegeben hat, untersucht der Verfasser den Sinn der theoretischen Voraussetzungen der theoretischen Einstellung und unterscheidet das echte Besitzen von Voraussetzungen, der dadurch charakterisiert wird, „daß die Einstellung konkret einer echten Voraussetzung entwächst und ursprünglich aus ihr lebt" (GA 61 S. 159), und die Möglichkeit, daß das Besitzen dieser Voraussetzungen verlorengehen könne und die Einstellung vollzugsmäßig eigenständig werde (ebd.). Nach all dem wird die Frage gestellt, inwiefern das abweisende Verhalten der Wissenschaft, die in solche selbständig gewordenen Strukturen hineingewachsen ist, gegenüber der Neuaneignung der Voraussetzungen berechtigt ist. Heidegger hält dieses abweisende Verhalten nur für insofern berechtigt, als dieser Versuch der Wissenschaft suggeriert, „sie käme auf diese Weise zu neuem Stand." (GA 61 S. 160) Im Falle der Neuaneignung im Sinne der „Revision der Grundbegriffe" (ebd.) hält Heidegger die Abweisung jedoch nicht mehr für berechtigt, mit einem anderen Wort, er hält eine solche Neuaneignung der Voraussetzungen für nötig (a.a.O., S. 160).

Heidegger unterscheidet somit eindeutig zwei grundsätzliche Möglichkeiten: das echte Haben von Voraussetzungen bzw. dessen Verlust. Er betont überdies, daß jene Bestrebung der Philosophie mit bestimmten Beschränkungen berechtigt und sogar notwendig sei, daß sich die Wissenschaften diese Voraussetzungen von neuem aneignen, also das echte Haben der Voraussetzungen neu schaffen. Diese Beschränkungen bringen wir später mit dem formalen Anzeigecharakter der Heideggerschen Phänomenologie in Zusammenhang.

In der selben Periode – auf einem anderen hinterlassenen Zettel – analysiert Heidegger jene Richtlinien des Vollzugs und des Wie der Existenz, die in dem konkreten Vollzug der Philosophie mit am Werk sein müssen, und untersucht den konkreten Vollzug dieser Richtlinien auch unter dem Aspekt der Wissenschaften: „(und jede Wissenschaft nur soweit echte Wissenschaft ist, als sie das vermag), d.h. daß ihre Problematik so ist, daß dieses Urspringen entquillt, d.h. im Zustand der Lebendigkeit ständigen Entquellens sich hält, gehalten wird" (GA 61 S. 194). Die Wissenschaft kann nur dann echt sein, wenn sie sich in jener Grundhaltung und Lebendigkeit aufhält, die einerseits auch den *konkreten*[108] Vollzug der Philosophie charakterisiert, und welche Grundhaltung – durch das Wie von Vollzug und Existenz – auch die Entstehung der Problematik selbst mitkonstituiert. Die echte Wissenschaft muß demnach fähig sein, sich ihrem eigenen Ursprung gegenüber zu öffnen und die Grundhaltung und die Lebendigkeit dieser Entstehung zu bewahren. Diese Grundhaltung hat die gesamte Problembildung der Wissenschaft zu bestimmen.[109]

Den Ursprung aufzudecken ist gleichwohl nicht die Aufgabe der Fachdisziplinen, sondern die der Ursprungswissenschaften. Die echte Wissenschaft kann die Rolle der Philosophie natürlich nicht übernehmen, ihre eigene Methodik würde sie dazu ohnehin nicht befähigen.[110] Die Rolle der phänomenologischen Ursprungsforschung kann in bezug auf die Wissenschaften gerade das sein, daß sie jene Dimensionen eröffnet, die den Wissenschaften notwendig sind, damit diese fähig sind, sich in dem lebendigen Zustand der ständigen Entstehung aufzuhalten. Heidegger hat in dem in Frage stehenden Jahrzehnt immer wieder größte Anstrengungen

---

[108] Dieser Ausdruck läßt einem gleich die konkrete Logik einfallen, die, wie wir gesehen haben, gerade bei der Entstehung der Wissenschaft eine grundsätzliche Rolle spielt. In seinem Dilthey-Vortrag von 1925 sagt Heidegger mit Bezug auf die moderne Physik das folgende: „Die moderne Physik drang auf Entdeckung der Bewegungsgesetze und Bestimmungen derselben, frei von allen Zufälligkeiten des Zugangs, des Messens und Bestimmens. Die *Relativitätstheorie* macht mit dieser Idee einer *absoluten* Naturerkenntnis radikal ernst. Sie ist keine Theorie einer relativen Geltung der physikalischen Gesetze, sondern fragt nach den Bedingungen des Bestimmens und Messens, die erlauben, die Natur rein aus sich selbst zu erfassen, ihre Bewegungsgesetze zu verstehen. – Welche philosophische Bedeutung hat diese einzelwissenschaftliche Theorie? Diese Frage hat ihr Recht darin, daß jede echte Einzelwissenschaft nur konkrete Philosophie ist, und nur so weit echt ist, als sie philosophisch fundiert ist." (WDF S. 171 f.)

[109] Wenn echte Wissenschaft in der Fraglichkeit und Problematik sich hält, soll es Philosophie bequemer haben?", fragt Heidegger in seiner Vorlesung 1921/22. In diesem Gedankengang stellt er die echte Wissenschaft quasi als Beispiel vor die Philosophie. Er behauptet, wenn jene sich in der Fragwürdigkeit aufhält, dann soll die Philosophie die „absolute Fragwürdigkeit" „sehend haben" (GA 61 S. 37).

[110] Heidegger vergißt keinen einzigen Augenblick, daß die Wissenschaft mit ihren Grundbegriffen und ihrer Methodik keineswegs in der Lage ist, die Grenzen ihres Fachgebietes zu überschreiten. In dem in Auszügen schon zitierten Abschnitt über das echte Haben von Voraussetzungen betont Heidegger des weiteren auch, es „gehört zum Sinn theoretischer Voraussetzungen, [...] daß sie gerade von dieser Einstellung nicht erfaßt und erfaßbar sind" (GA 61 S. 159). Diese Formulierung steht inhaltlich der berühmten, eingangs schon analysierten These, die Wissenschaft würde nicht denken, nahe. In Wahrheit haben wir es hier mit einem Gedanken zu tun, der Heidegger auf seinem gesamten denkerischen Lebensweg begleitet (vgl. z.B. GA 1 S. 358, GA 20 S. 4, N I. S. 372, Wisser 1970 S. 72).

unternommen, die Wissenschaft einer ursprungswissenschaftlichen Untersuchung zu unterziehen. Er analysierte auch in den Vorlesungen des Wintersemesters 1919/20 das Hervorgehen der Wissenschaft aus der faktischen Lebenswelt ausführlich, und unmittelbar. Vor der Einführung des Begriffes *konkrete Logik* schrieb er bezüglich der phänomenologischen Untersuchung von der Entstehung der Fachgebietes folgendes: „das sind große Probleme der phänomenologischen Forschung – und zugleich von größter Tragweite sowohl für die künftige echte Entwicklung der Wissenschaften ebenso wie für eine echte geisteswissenschaftliche Erforschung der Geschichte der Wissenschaften." (GA 58 S. 71) Dieses Zitat ist in mehrfacher Hinsicht interessant. Einerseits, weil hier Heidegger die phänomenologische Untersuchung von der Entstehung der Wissenschaft mit *einer* ihrer möglichen Entwicklungsrichtungen verknüpft; demnach muß die als Ursprungswissenschaft aufgefaßte Phänomenologie in der Entfaltung der echten Wissenschaft eine wichtige Rolle spielen. Andererseits *verbindet Heidegger die phänomenologische Interpretation der Wissenschaft eindeutig mit der Erforschung von der Geschichte der Wissenschaft.*[111]

Welchen Beitrag kann indessen die ursprungswissenschaftliche Annäherung an die Wissenschaft zu deren eigentlicher Entwicklung leisten? Im Kapitel 3.2.1. wollten wir die Heideggersche Beschreibung der Entstehung der Wissenschaft mit Hilfe einer zweischichtigen Struktur rekonstruieren. Wir haben dort eine Ursprungsbasis unterschieden, die in der theoretischen Einstellung bis ans Ende mit am Werk ist, auch dann, wenn gewisse Tendenzen der jeweils entstandenen Verhaltensweise dieser zuwiderlaufen. Aufgrund dieser Ursprungsbasis geht jene Situationsbildung vor sich, deren Ergebnis die theoretische Einstellung ist. Den charakteristischen Grundzug der Heideggerschen Annäherungsweise erblickten wir – unter anderem – in der Zusammenschau, also in dem Ausbau einer solchen Perspektive, von der aus wir die womöglich steif gewordenen Strukturen der theoretischen Einstellung von der Ursprungsbasis her unter verständiger Einbeziehung der sie erschaffenden Dynamik einsehen können. Die Aufeinanderbezogenheit dieser beiden Ebenen hat Heidegger mit der Skizzierung der zwei – bereits untersuchten – Labilitäten in besonders anschaulicher Weise vor Augen geführt. Heidegger zufolge wird das Verhältnis der theoretischen Einstellung zu ihrer eigenen theoretischen Ursprungsbasis von der Schwankung und Spannung zwischen der Lebenswelt und der Theorie bzw. von dem Gegensatz der überlieferten Strukturen und der produktiven Traditionsstiftung charakterisiert.

Die phänomenologische Aufdeckung von der Entstehung der Wissenschaft macht

[111] *„Was zuerst bei einem künftigen Wandel der Wissenschaften geschehen muß?* Der ständig wachhaltende Einbau der geschichtlichen Besinnung in die Wissenschaften, zumal in die Naturwissenschaften" (BW S. 17), schrieb Heidegger 1937.

gerade jene Ursprungssphären sichtbar, bezüglich derer die theoretische Einstellung voller Labilität ist. Die phänomenologische Öffnung dieser Sphären kann der theoretischen Einstellung ermöglichen, gegenüber ihrer Ursprungsbasis offenzubleiben, einerseits, um sich in der Lebendigkeit der Entstehung einzubehalten, andererseits, um *irgendwohin zurücktreten zu können*, falls sie die Grundbegriffe der in Krise geratenen, steif gewordenen Überlieferung einer Revision unterziehen muß.

Erst jetzt fällt ins Auge, warum besonders wichtig ist, ob die mehr oder weniger radikale Revision der Grundbegriffe der jeweiligen Wissenschaft durchsichtig ist oder nicht (vgl. SZ S. 9). Würde Heidegger die Ansicht vertreten haben, daß sie undurchsichtig sei, dann hätte er damit die theoretische Unmöglichkeit des Sicheinlassens in die Lebendigkeit der Entstehung ausgesprochen. Das ursprünglich Geschriebene bekräftigt die obigen Feststellungen über die echte Wissenschaft. Auch der folgende Satz verdient, daß er erneut zitiert wird: „Das Niveau einer Wissenschaft bestimmt sich daraus, wie weit sie einer Krisis ihrer Grundbegriffe *fähig* ist." (SZ S. 9) Die echte Wissenschaft ist von dem Haben einer Offenheit solchen Typs charakterisiert, die die Wissenschaft *fähig machen kann*, die Begrifflichkeit und die Methodik der jeweiligen Wissenschaft *von außen* in den Blick zu fassen, also *eine Position zu beziehen*, wo sie – ihre Füße fest ansetzend – über diese Begrifflichkeit und Methodik hinausgehen kann. Was Heidegger das Niveau einer Wissenschaft nennt, steht mit dem Begriff der echten Wissenschaft in einem außerordentlich engen Zusammenhang.[112] Auch das kann gewiß nicht als Zufall gelten, daß in dem Ausdruck „eigentliche 'Bewegung' der Wissenschaften" das Wort 'eigentlich' vorkommt, das Heidegger auch für den Ausdruck der Eigentlichkeit gebraucht.

Das bisher Gesagte zusammenfassend, können wir festhalten, daß sich die Einstellung der echten Wissenschaft vor allem als eine Offenheit erfassen läßt, und zwar als eine Offenheit in mehrere Richtungen. Die eine dieser Grundrichtungen zeigt auf jene Ursprungsbasis, die sich vorhin in bezug auf die theoretische Einstellung als bestimmend ausgewiesen hat, obwohl die objektivierenden Tendenzen dieser Einstellung teilweise auch auf die Ausgrenzung dieser Ursprungsbasis gerichtet sind. *Sich dieser Ursprungsbasis öffnen heißt also, auch sich gegenüber diesem spannungsvollen Verhältnis öffnen.*

Heidegger schreibt in einer seiner Vorlesungen von 1921/22, „daß Wissenschaften alle in bestimmten Sinne ihre Abkunft von der Philosophie haben, ihre 'Erben'

---

[112] Heidegger schreibt 1927 an einer Stelle: „Gerade wenn eine Methode echt ist, den Zugang zu den Wissenschaften verschafft, wird der auf ihrem Grund vollzogene Fortgang und die wachsende Ursprünglichkeit der Erschließung die Methode, die dazu verhalf, notwendig veralten lassen. Das einzig wahrhaft neue in der Wissenschaft und in der Philosophie ist nur das echte Fragen und der dienende Kampf mit den Dingen." (GA 24 S. 467)

sind (auch dann, wo diese Abkunft nicht mehr sichtbar ist, die 'Tradition' zum Schaden der Wissenschaften verloren gegangen ist, wo der 'Betrieb' von selbst läuft), als 'Erben' es wesentlich leichter haben: Sie arbeiten in und mit einem Vermächtnis (Gedächtnis), *Tradition* (Philosophie ist traditionsbildend), und haben nicht die Strenge der Philosophie. Wenn soeben das Abreißen der Tradition als schädlich bezeichnet wurde, so ist hier die Meinung, der Schaden werde dadurch geheilt, daß sich Vertreter der Wissenschaften aus dem Umkreis der heutigen Philosophie eine sogenannte philosophische Bildung zulegen; die möchte ihnen nur hemmend sein. Der Schaden sitzt versteckter. Schuld am Abreißen ist die Philosophie selbst; sofern sie noch 'ist', vermag sie ihren Erben und gerade ihnen nichts mehr zu geben." (GA 61 S. 46)

Dieses lange Zitat ist aus mehreren Gründen sehr beachtenswert. Die Heideggersche Frage nach dem Ursprung der Wissenschaft richtet sich hier auf die Philosophie, die die Tradition der Wissenschaftlichkeit begründet hat. Die Philosophie sei traditionsbildend, sagt Heidegger. Wir dürfen hier an die produktive Logik denken, die durch die begriffliche Vorzeichnung des Naturentwurfes und durch die Herausbildung der Methodologie der Beweismodi eigentlich eine Tradition der Forschung erschafft. Des weiteren können wir uns auch darauf besinnen, was Heidegger in seinen Vorlesungen von 1929/30 ausgeführt hat, nämlich daß das menschliche Dasein weltbildend sei und daß das Vehikel dieser Weltbildung der Entwurf sei. Verbinden wir nun diesen Gedanken mit jenen Stellen, wo Heidegger bezüglich der Entstehung der theoretischen Einstellung von einer Vorahnung der neuen Welt oder anderenorts von Sinngebung spricht, so dürfen wir den weltbildenden Grundzug des Menschen mit der philosophischen Tätigkeit, die die wissenschaftliche Tradition ins Leben ruft, in Verbindung setzen. Man könnte sich hier einen Zusammenhang vorstellen, dem zufolge der Grundzug des menschlichen Daseins, Welt zu bilden, der Erschaffung der wissenschaftlichen Tradition als Möglichkeitsvoraussetzung dient. So sind jene früher schon zitierten Gedankengänge, der *neben* dem Abbau, die in der Entweltlichung und der Entlebung vonstatten geht, auch die konstruktiven, produktiven Momente hervorgehoben haben, mit den Begriffen Weltbildung und Traditionsstiftung zu verknüpfen, und können einen tieferen Sinn gewinnen.

Andererseits ist auch beachtenswert, daß Heidegger die zeitgenössische Philosophie nicht für geeignet hält, den Absprung der Wissenschaft von der Überlieferung zu heilen. Meines Erachtens geht es hier darum, daß Heidegger die zeitgenössische Philosophie eben des Deliktes bezichtigt, die theoretische Einstellung angenommen und diese in ihre eigene Annäherungsweise eingebaut zu haben, weshalb sie Heidegger nicht für geeignet halten darf, für die Wissenschaft die *vor*theoretischen Erfahrungssphären und jene Tradition zu erschließen, die seiner Ansicht nach in gewissem Sinne ebenfalls ursprünglicher ist als die theoretische

Einstellung. Wenn Heidegger schreibt, die Vorwissenschaft „gibt Auskunft, wann eine Forschung bei ihrer Sache ist – oder sich nährt aus einem überlieferten und abgegriffenen Wortwissen darüber“ (BZ S. 7), dann beleuchtet er ebenfalls, daß das ursprüngliche Verhältnis der Wissenschaften zu der Überlieferung und zu den Dingen durchaus labil ist, und obwohl die Möglichkeit der Herausbildung eines echten Verhältnisses besteht, ist sie nicht notwendig. Zu diesem Verhältnis selbst hat in echter Weise die im Sinne einer *Vor*wissenschaft verstandene Philosophie einen Zugang und *nur eine in diesem Sinne erneuerte Philosophie* ist imstande, (im Gegensatz zu den durch die theoretische Einstellung bestimmten philosophischen Richtungen) sich dieser Problematik und so den Wissenschaften selbst in rechter Weise zuzuwenden. Auch aus diesem Zusammenhang geht klar hervor, daß *Heidegger die Erneuerung der Wissenschaften und der Philosophie für einen parallelen und miteinander zusammenhängenden Vorgang hielt, wobei er innerhalb dieses Zusammenhanges die Rolle des Initiators dennoch der Philosophie zuerkennt.*

In seinem Kasseler Vortrag von 1925 formuliert Heidegger eindeutig die Hoffnung, daß sich die als Phänomenologie und Ontologie erneuerte Philosophie den Wissenschaften so zuwenden kann, daß zwischen ihnen ein echtes Verhältnis zuwege kommen kann: „Die phänomenologische Forschung betrachtet nun nicht einfach einen Seinsbezirk, sondern es kommt ihr darauf an, alle Bezirke, die es gibt, zu durchforschen, hinsichtlich ihrer Seinsstruktur. So bekommt die Philosophie wieder die Möglichkeit, den Wissenschaften vorauszugehen. Sie braucht nicht mehr allgemeiner und schlechter zu sagen, was die Einzelwissenschaften schon genauer und besser gesagt haben. Wie einst Plato der Geometrie den Weg öffnete, so hat die Philosophie wieder die Möglichkeit, den Wissenschaften ihr Gebiet zu erschließen, ihnen durch die Grundbestimmungen den Leitfaden für ihre Forschungen zu geben. So hat die Phänomenologie ihre Stätte bei der Forschung selbst, an den Universitäten. Sie will die Studenten nicht zu Philosophen machen, sondern zu wissenschaftlichen Menschen, die ein Bewußtsein ihrer eigenen Wissenschaft haben. Und keine andere war auch die Wirksamkeit Platos und Aristoteles' in Akademie und Lykeion.“ (WDF S. 160 f.)

Aus diesem Zitat ist ersichtlich, daß Heideggers Ziel darin besteht, ein Verhältnis zwischen zwei selbständigen Partnern zu schaffen: Es geht um das eigene Selbstbewußtsein der Wissenschaft. Man muß der Wissenschaft helfen, ihre eigene Aufgabe zu versehen. Es bleibt dennoch weiterhin zu fragen, in welchen Dimensionen und auf welche Art und Weise die als Ursprungswissenschaft aufgefaßte Phänomenologie auftreten soll, damit *ihr der entscheidende Schritt* auf die Wissenschaft zu gelingen kann. Anhand der bislang analysierten Texte lassen sich drei – miteinander eng zusammenhängende – Grundrichtungen unterscheiden: Die eine Richtung ist das Verhältnis zu der Wissenschaftlichkeit als Tradition, hierbei können wir an das wissenschaftliche Grundverhalten, an die Radikalität der Fraglichkeit, an die Fähigkeit der Krise und an jene Strenge denken, die tiefer liegt als die Exaktheit. Die zweite Richtung kann die Zuwendung zur ursprünglichen Basis der menschlichen Existenz sein. Und schließlich die dritte Richtung, die sich hier abzeichnet, ist die Erschließung der ursprünglichen Dingerfahrung für die Wissenschaft.

Im folgenden suchen wir unsere Untersuchungen in diese drei Richtungen zu vertiefen. Einer der wichtigsten Charakterzüge des Heideggerschen Begriffs der Wissenschaftlichkeit, das Fraglichwerden, charakterisiert auch die wissenschaftlichen Krisen weitgehend. Wie früher schon gesagt, besteht die eigentliche Krise der Wissenschaften darin, „daß das Grundverhältnis der einzelnen Wissenschaften zu den von ihnen befragten Sachen fraglich geworden ist. Das Grundverhältnis zu den Sachen wird unsicher und die Tendenz lebendig, eine Vorbesinnung auf die Grundstruktur der befragten Sachen durchzuführen, d. h. die Unsicherheit der Grundbegriffe der jeweiligen Wissenschaft zu beseitigen oder diese Grundbegriffe aus ursprünglicher Sachkenntnis zu festigen. Echte Fortschritte der Wissenschaften spielen nur in diesem Felde.“ (GA 20 S. 3 f.)

Wenn wir den Vorschlag von Rouse annehmen und die Krise der Wissenschaften als Befindlichkeit auffassen, dann müssen wir sie als einen der Modi der Erschlossenheit ansehen. Dem obigen Zitat zufolge zeigt diese Erschlossenheit in die Richtung der vorgängigen Aufweisung der Grundstruktur der Dinge.[113] Gleichzeitig gilt – wie Heidegger betont –, „daß die Freilegung des primären Sachfeldes eine prinzipiell andere Erfahrungs- und Auslegungsart fordert, als sie in den konkreten Wissenschaften selbst herrschen.“ Woraus folgt, „daß sie [nämlich die Wissenschaften] einer ursprünglichen Auslegung bedürfen, die sie selbst nicht leisten vermögen.“ (GA 20 S. 4)[114] „Echte Fortschritte der Wissenschaften“ kann es also geben, wenn die Fachdisziplinen gegenüber philosophischen Überlegungen sich aufschließen *und* auch die Philosophie fähig ist, jene Erfahrungsfelder selbständig, nicht die theoretische Einstellung zum Ausgangspunkt nehmend, sondern in ursprünglicher Weise zu erschließen, die von der jeweiligen Wissenschaft her von Relevanz sein können.[115]

Auch 1927 formuliert Heidegger ähnlich: „Philosophische Erkenntnis kann aber

---

[113] Auch hier ist deutlich zu sehen, wie eng miteinander die oben umrissenen drei Grundrichtungen verwoben sind.

[114] Vgl. Fußnote 24 dieses Kapitels.

[115] 1935 schreibt Heidegger: „Dort wo die eigentliche, aufschließende Forschung geschieht, ist die Lage nicht anders als vor 300 Jahren; auch jene Zeit hatte ihren Stumpfsinn, so wie umgekehrt die heute führenden Köpfe der Atomphysik, Niels Bohr und Heisenberg, durch und durch philosophisch denken und deshalb neue Fragestellungen schaffen und vor allem in der Fragwürdigkeit aushalten.“ (FD S. 51) Heidegger stellt dieser Weise der Verwobenheit von Forschung und Philosophie, die ihm neben Bohr und Heisenberg die Forscher des 16. und 17. Jahrhunderts vertreten, “der durchschnittlichen und nachträglichen Arbeit” gegenüber (ebd.).

nur dann für eine positive Wissenschaft relevant und fruchtbar werden und ist es nur dann im echten Sinne, wenn er innerhalb der eigenen, aus dieser positiven Besinnung auf die ontischen Zusammenhänge seines Gebietes erwachsenden Problematik an die Grundbegriffe seiner Wissenschaft stößt, und wenn ihm dabei die Angemessenheit der traditionellen Grundbegriffe an das von ihm zum Thema gemachte Seiende fraglich wird." „Die Kommunikation [zwischen der Philosophie und den Forschern] gewinnt und behält ihre Echtheit, Lebendigkeit und Fruchtbarkeit nur dann, wenn das gegenseitige, jeweils sich aussprechende positiv-ontische und transzendental-ontologische Fragen geleitet ist vom Instinkt für die Sache und von der Sicherheit des wissenschaftliches Taktes, und wenn alle Fragen der Herrschaft und Vorrangs und Geltung der Wissenschaften zurücktreten hinter den inneren Notwendigkeiten des wissenschaftlichen Problems selbst." (GA 9 S. 67)

Das Verhältnis zwischen Philosophie und Wissenschaft darf also nicht als ein Verhältnis willkürlicher Herrschaft aufgefaßt werden, sondern beide Seiten behalten betonterweise ihre Selbständigkeit. Die Ausdrücke 'die innere Notwendigkeit des wissenschaftlichen Problems' oder die 'Erschließung vorrangiger Fachgebiete' und 'die Grundstruktur der untersuchten Dinge' betonen samt und sonders *die Selbständigkeit des untersuchten Dinges*. Diese Problematik steht überdies mit jenen Überlegungen in engstem Zusammenhang, die wir in bezug auf das Verhältnis der Vielfältigkeit der Seinsmodi und der Zugangsweisen angestellt haben. Man könnte auch so formulieren, daß jene ontologische Struktur, *die das das Seiende aufdeckende Dasein als In-der-Welt-sein charakterisiert, den obigen Vorstellungen zugrunde gelegt wird.*

Als die zweite Richtung haben wir die ursprüngliche Basis der menschlichen Existenz genannt, unsere Frage berührt also jene Voraussetzungen der echten Wissenschaft, die mit der ganzen menschlichen Existenz bzw. deren Umgebung in Zusammenhang stehen.[116] Die ersten Sätze Heideggers, die nach dem ersten Weltkrieg auf dem Katheder der Universität ertönten, sind unter diesem Aspekt besonders beachtenswert: „Wissenschaft wird so zugleich zum Habitus eines persönlichen Daseins. [...] Der wissenschaftliche Mensch steht aber nicht isoliert. Ihn bindet eine Gemeinschaft von gleichstrebenden Forschern – mit diesen reichen Bezüge zu Schülern. Der Lebenszusammenhang des wissenschaftlichen Bewußtseins wirkt sich aus in objektiver Geformtheit und Organisation in den wissenschaftlichen Akademien und Universitäten.

[116] „Wissenschaft gehört zur Existenz des Menschen, besagt: Die innere Möglichkeit, nicht erst die faktische Hervorbringung von Wissenschaft gründet im Wesen der Wahrheit als einem Wesensbestandstück der Seinsverfassung des Daseins. [...] Also ist Wissenschaft eine Art der Unverborgenheit des Daseins, d.h. ein Wie der menschlichen Existenz." (GA 27 S. 157)

Die vielberedete Universitätsreform ist gänzlich mißleitet und eine totale Verkennung aller echten Revolutionierung des Geistes, wenn sie sich jetzt ausweitet in Aufrufen, Protestversammlungen, Programmen, Orden und Bünden: geistwidrige Mittel im Dienste ephemer Zwecke.
Zu *echten* Reformen im Bereich der Universität sind wir heute nicht reif. Und das Reifwerden hierfür ist Sache einer *ganzen Generation*. Erneuerung der Universität bedeutet Wiedergeburt des echten wissenschaftlichen Bewußtseins und Lebenszusammenhanges. Lebensbezüge aber erneuern sich nur im Rückgang in die echten Ursprünge des Geistes". (GA 56/57 S. 4 f.)[117]
Bemerkenswert ist, daß hier Heidegger die Möglichkeit der echten Wissenschaft nicht unmittelbar mit der Krise der Wissenschaft verknüpft, wobei selbstredend nicht auszuschließen ist, daß hintergründig auch solche Überlegungen am Werk gewesen sein dürften. Heidegger sucht hier unter der Einbeziehung einer breiteren lebensweltlichen Basis die Möglichkeitsvoraussetzungen der Erneuerung der Wissenschaft. Solange also im Falle der Krisenproblematik von den früher untersuchten Labilitäten vorzugsweise die dritte erhellt werden konnte, kann die Universitätsreform mit der ersten Labilität in Verbindung gesetzt werden. Hierüber schreibt Heidegger unter anderem: „Immer von neuem Zurückgehen in den Ursprung, erste Spontaneität. – Daher rührt ein Schwanken zwischen umweltlichen und theoretischem Leben und ein Leiden unter ihrem Gegensatz." (GA 56/57 S. 214) Die Universität als eine breitere lebensweltliche Umgebung kann darin eine wichtige Rolle spielen, daß sie für dieses Zurückgehen einen entsprechenden Lebenszusammenhang und Raum bietet.
Wie für Heidegger im Falle der Philosophie die Echtheit und der Ernst des Lebens mit der Echtheit der philosophischen Forschung verbunden sind, ist dies auch bei den anderen Wissenschaften der Fall.[118] Gleichzeitig kann die als hermeneutische Phänomenologie aufgefaßte Philosophie darin eine ausgezeichnete Rolle spielen, daß sie dieses Problem mit ihren Mitteln erfaßt und durch formale Anzeigen die eigentlichen Möglichkeitsdimensionen der Wissenschaft mitaufdeckt. Heidegger schrieb in einer seiner Vorlesungen von 1921/22 in bezug auf die Auseinandersetzungen um eine Universitätsreform das folgende: „diese Diskussionen sind alle

---

[117] Von Herrmann macht uns in bezug auf diese Stelle darauf aufmerksam, daß bei Heidegger damit „bereits 1919 die nicht politische, sondern philosophische Aufgabe einer Selbstbehauptung der deutschen Universität vorweggenommen" ist (Herrmann 1994 S. 10, vgl. auch SDU). Die wichtigen Fragen, wie die Vorstellungen und die Hoffnungen einer echten Wissenschaft die politischen Aktivitäten Heideggers 1933 beeinflußt haben könnten bzw. wie später die Abkehr vom Faschismus und die Veränderungen innerhalb des Verhältnisses zu den Wissenschaften miteinander zusammenhängen (zu dieser Frage siehe vor allem: Vietta 1989), können wir nicht einmal streifen. Diesen Fragen gedenke ich eigens eine Arbeit zu widmen.

[118] „Man darf Wissenschaft nicht als System von Sätzen und Begründungszusammenhängen ansehen, sondern als etwas, worin sich faktisches Dasein mit sich selbst auseinandersetzt" (GA 63 S. 72 vgl. noch GA 61 S. 197).

unkritisch; [...] Für uns hier geht es darum, philosophisch die eigentliche Situation zu sehen, ohne Prophetentum und Führerallüren." (GA 61 S. 69 f.) Die Aufgabe der Aneignung der Verstehenssituation bezieht sich in diesem Fall gerade auf die Universität. Bei dieser aneignenden Erschließungsarbeit handelt es sich für Heidegger also primär nicht darum, „einen objektiven, zufälligen heutigen Zustand der Universität abzuschildern, sondern ihren spezifischen Daseinssinn" (GA 61 S. 78) zu verstehen. Der allgemeine Anspruch, die Verstehenssituation aufzudecken, wird in diesem Gedankengang konkret als die Aufgabe des Selbstverständnisses formuliert, das zur Universitätsreform notwendig ist. *Zu der Sache einer echten Universitätsreform kann die Philosophie – wie in den früher untersuchten Texten bereits gesehen – verstehend, aufdeckend und urspungswissenschaftlich beitragen, um die innere Situation der Platonischen Akademie und des Aristotelischen Lykeions wiederholend zwischen den Vertretern der Philosophie und der Fachdisziplin ein neues Verhältnis zu schaffen.*

Die dritte mögliche Richtung, in die – um die echte Wissenschaft vorzubereiten – die als Ursprungswissenschaft aufgefaßte Phänomenologie aufbrechen kann, ist die Neuaufdeckung der ursprünglichen Erfahrung der untersuchten Dinge. Wir haben früher bereits gesehen, wie eng dieses Moment mit der Krisensituation verbunden ist, wenn die Revision der Grundbegriffe und der Grunderfahrungen in den Vordergrund tritt. Wir werden uns jetzt jener Seinsstruktur zuwenden, die diese Bewegung überhaupt erst ermöglicht.

„Echte Methode gründet im angemessenen Vorblick auf die Grundverfassung des zu erschließenden 'Gegenstandes' bzw. Gegenstandbezirkes. Echte methodische Besinnung – die von leeren Erörterungen der Technik wohl zu unterscheiden ist – gibt deshalb zugleich Aufschluß über die Seinsart des thematischen Seienden." (SZ S. 303)[119] Im Kapitel 3.2.2. haben wir die Heideggersche Auffassung von der Aufdeckung des Seienden in der Weise rekonstruiert, daß deren Voraussetzung die Entstehung eines gemeinsamen Erfahrungsspielraums war, der von der zum Sein des Daseins gehörenden Zugangsart und von dem Sein des Seienden gleichsam aufgerissen wird. Wenn Heidegger in Zusammenhang mit der echten Methode von einem *angemessenen* Vorblick auf die Grundverfassung des zu erschließenden Gegenstandes spricht, dann verhilft er der *Selbständigkeit* des Seins des Seienden zu einer zentralen Rolle innerhalb der wissenschaftlichen Erkenntnis.

Die Philosophie kann als Ursprungswissenschaft – die Verunsicherung der wissenschaftlichen Betriebsamkeit infolge der Krise ausnützend – den Versuch unternehmen, die methodologischen Überlegungen über die Grundstruktur und das Sein des zu untersuchenden Dinges neu zu denken. Diese echte Methode – die in

---

[119] „Wissenschaftliche Methode ist nie eine Technik. Sobald sie das wird, ist sie von ihrem eigenen Wesen abgefallen." (GA 24 S. 29)

Zusammenhang mit der echten Wissenschaft zu denken ist – kann mit der Tätigkeit der produktiven Logik in eine enge Verbindung gebracht werden. Heidegger spricht den Begriff der produktiven Logik vorbereitend ebenfalls darüber, daß die Grundbegriffe ihre „echte Ausweisung und 'Begründung' [...] nur in einer entsprechend vorgängigen Durchforschung des Sachgebietes selbst" erhalten (SZ S. 10).

Bei früheren Untersuchungen zur Problematik der Begründung der Wissenschaften haben wir bereits gesehen, daß Heidegger von einer Begründung der Selbstbegründung spricht und die zweite philosophische Begründung als einen phänomenologischen Einblick in den von den Wissenschaften selbst vollzogenen Begründungs- und Entstehungsvorgang bzw. als dessen Entfaltung auffaßt. Die phänomenologische Begründung ist somit eine *Wiederholung*, die wiederholende Entfaltung der ursprünglichen Entstehung. Selbst wenn die Wissenschaft in eine Krise gerät und die aktuelle Forschungstradition verunsichert wird, wird die Wiederholung der Begründung dieser Tradition zur Aufgabe. Die Revision der Grundbegriffe und der Grunderfahrungen ist natürlich nicht die bloße Wiederholung der früheren Begründung, sondern ist vielmehr als eine *Replik*, als eine Auseinandersetzung aufzufassen.[120] Ich bin der Ansicht, daß die verschiedenen Heideggerschen Gedankengänge, ohne daß ihnen im geringsten Gewalt angetan würde, so interpretiert werden können, daß *die eigentliche (echte) Bewegung der Wissenschaften als die replizierende Wiederholung der Begründung ihrer Forschungstradition vor sich geht. Der produktiven Logik kommt in diesem Prozeß nicht die Rolle zu, für die Wissenschaften einzuspringen oder ihnen ihre Probleme lösend alle Lasten von den Schultern zu nehmen, sondern ihnen vorauszuspringen, um ihnen mit den Mitteln der Phänomenologie die Dimensionen der Ursprungssphäre zu erschließen und dadurch der Wissenschaft die Wege des Fragens und womöglich auch der begrifflichen Revision zu eröffnen; ihre Aufgabe besteht also nicht in einer Entlastung, sondern gerade im Gegenteil darin, den Wissenschaften jene Lasten wieder aufzubürden, derer sie sich durch den Wissenschaftsbetrieb zu entledigen suchen.*[121] Im Herbst des Jahres 1919 sagte Heidegger über das Verhältnis von Philosophie und Wissenschaft folgendes: „aber die echten Probleme, die

[120] „[...] ihr eigentlicher Fortschritt vollzieht sich nicht so sehr in der Aufsammlung der Resultate und Bergung derselben in 'Handbüchern', als in dem aus solcher anwachsenden Kenntnis der Sachen meist *reaktiv* hervorgetriebenen Fragen nach den Grundverfassungen des jeweiligen Sachgebietes." (SZ S. 9, Hervorhebung von mir)

[121] Wie Heidegger 1935 formuliert hat, besteht die Aufgabe der Philosophie nicht darin, „daß sie im besonderen den Wissenschaften die Arbeit abnimmt, indem sie die Besinnung auf deren Voraussetzungen, Grundbegriffe und Grundsätze durchführt. Man erwartet von der Philosophie eine Förderung und gar Beschleunigung des praktisch-technischen Kulturbetriebes im Sinne einer Erleichterung. Aber – die Philosophie macht ihrem Wesen nach die Dinge nie leichter, sondern nur schwerer. [...] Erschwerung des geschichtlichen Daseins [...] ist vielmehr der echte Leistungssinn der Philosophie." (EM S. 8 f., vgl. PIA S. 238)

allenfalls hier liegen, werden nicht so gelöst, daß man ein System erfindet, an die tatsächlichen, vorhandenen Wissenschaften allgemeine Begriffe anheftet, sondern indem man sie selbst in ihrer Tatsächlichkeit problematisch werden läßt – aber auf das *Wie* kommt es an – und dann radikale Ursprungsprobleme stellt. [...] Unsere technizisierte, auch im geistigen Leben technizisierte Zeit hat entsprechende Erwartungsformen: man braucht die Hebel anders zu stellen, dann schaltet sich die Weiche um und der Zug springt auf das andere Geleise. Tut er das nicht, dann erfindet man ein neues 'Schaltwerk'. Man kommt nicht dahinter, daß es mit Hebeln und Schaltwerk, d.h. erdachten Begriffen und Wissenschaftssystemen überhaupt nicht geht, daß das geistige Leben überhaupt organisch sich zurückzufinden muß in die Urquellen und aus neuen echten Grundsituationen des Lebens sich *in Generationen* neu entfalten muß [...] Irregeleitetes Leben, in jeder seiner Manifestationsformen, auch in der Philosophie und Wissenschaft, kann nur wieder durch *echtes* Leben und seinen radikalen treuen Vollzug erneuert werden, nicht durch Programme und Systeme." (GA 58 S. 22 f.)

Anhand dieses Auszuges dürfte klar sein, was Heidegger darunter verstand, daß das abweisende Verhalten der Wissenschaften – gegenüber der Neuaneignung ihrer eigenen Voraussetzungen – nur als angebracht gelten kann, „sofern der Wissenschaft suggeriert wird, sie käme auf diese Weise zu neuem Stand." (GA 61 S. 160) Heidegger wird hier an die *Unmöglichkeit eines mechanischen Umschlags* gedacht haben, und daran, daß die Philosophie die Wissenschaft nicht hierher oder dorthin setzen kann wie ein Kind, sondern er hielt nur *ein solches Verhältnis für akzeptabel, das auf der Selbständigkeit beider beruht, auch dann, wenn die Aufgaben und Mittel unterschiedlich sind.*[122]

Bislang war von den eigentlichen Möglichkeiten der Wissenschaft die Rede, nun wenden wir uns der anderen Grundmöglichkeit, die Heidegger stets vor Augen war, der uneigentlichen Seinsweise der Wissenschaft zu. „Forschung und Leben haben die eigentümliche Tendenz, das Schlichte, Ursprüngliche, Echte zu überspringen und sich im Komplizierten, Abgeleiteten, Unechten aufzuhalten." (WDF S. 159) Heidegger spricht hier unmittelbar von der phänomenologischen Forschung, aber – meine ich – wir dürfen diesen Gedanken getrost auch auf die Fachdisziplinen beziehen. *Die oben charakterisierte Heideggersche Bestimmung der echten Wissenschaft und die Formulierung der mit deren Erschaffung verbundenen Voraussetzungen und Hoffnungen umreißen schließlich eine Aufgabe, die nur als eine Gegenbewegung gegen die – auch in den Wissenschaften wirksamen – uneigentlichen Tendenzen ausgelegt werden kann.*

---

[122] An diesem Gedankengang ist die formal anzeigende Weise der phänomenologischen Annäherungsweise gut sichtbar. Heidegger zufolge – wie bereits gesehen – darf und kann die Phänomenologie dem faktischen Leben keine inhaltlichen Direktiven geben und dies gilt auch für die selbständig gewordene Verhaltensweise des faktischen Lebens, für die Wissenschaft.

Die erste Frage, die in Zusammenhang mit diesen Tendenzen zu untersuchen ist, ist die objektivierende Tendenz der theoretischen Einstellung: die Entlebung, der Sinnentzug, die Entgeschichtlichung, die Entweltlichung. Diese Tendenzen sind für Heidegger in erster Linie nicht in Zusammenhang mit den Fachdisziplinen, sondern mit der als hermeneutische Phänomenologie aufgefaßten Philosophie von Bedeutung. Im Mittelpunkt von Heideggers Bemühungen – um die objektivierenden Tendenzen – steht nämlich nicht die Aufgabe der Auslegung von Fachdisziplinen, sondern die Aufgabe einer dem faktischen Leben bzw. dem menschlichen Dasein angemessenen Annäherung. Heideggers Hauptproblem ist, daß die von der zeitgenössischen Philosophie unkritisch über- und angenommene theoretische Zugangsart den Weg zum faktischen Leben verstellt, den Weg zu jener Ursprungssphäre, von der her Heidegger die Erneuerung der Philosophie initiieren möchte.

In diesem Zusammenhang hält Heidegger nicht die theoretische Einstellung im allgemeinen, sondern nur deren *Grenzüberschreitung*, d.h. deren Betätigung auf solchen Gebieten für uneigentlich, wo die Objektivation keine den zu untersuchenden Phänomenen angemessene Annäherungsweise ist.[123] Nicht von ungefähr stellt Heidegger der echten Methode, dem sowohl in der Wissenschaft wie auch in der Philosophie einzig und allein wahrhaft Neues mit sich bringenden wahren Fragen – unter anderem – „die ihrer eigenen Grenzen vergessenden positiven Wissenschaften" (GA 24 S. 467) entgegen.[124] Überdies ist natürlich auch die Heideggersche Charakterisierung der theoretischen Einstellung bedenkenswert: Heidegger spricht an mehreren Stellen von „Verarmung" (GA 56/57 S. 207, PIA S. 242), von der Explodierung der Einheit der Situation (GA 56/57 S. 206), von Verkümmern (GA 56/57 S. 207) von zerstörender, theoretischer Infizierung (GA56/57 S. 89), von der Ertötung der Rhythmik des Lebens (Hogemann 1986/87 S. 62). Dennoch – bin ich der Überzeugung – zeugen *diese Gedanken deshalb von einer so leidenschaftlichen und vehementen Annäherung, weil hier von der Grunderfahrung der Gefährdung der Philosophie und nicht von der der Wissenschaft ausgegangen wird.*

Die Betriebsamkeit hat Heidegger – wie bereits erwähnt – auch mit der von dem Man beherrschten uneigentlichen Seinsweise der Alltäglichkeit verknüpft (vgl. SZ S. 177). Außerdem hat Heidegger auch in Zusammenhang mit der Philosophie, ja sogar mit der Phänomenologie selbst an mehreren Stellen seine Befürchtung ausgesprochen, diese könnten der Betriebsamkeit verfallen. An einer Stelle

[123] „Die Verdinglichung ist keine Degradierung, aber sie ist nicht auf *alle* Gegenstandsgebiete anwendbar." (GA 58 S. 232)

[124] Auch W.J. Richardson kommt — in seinem Artikel über Heideggers Wissenschaftskritik – zum Schluß, daß diese Kritik nicht absolut sei, sondern sich nur auf die Wissenschaft beziehe, die ihre Schranken überschreitet (W.J. Richardson 1968 S. 334).

schreibt er beispielsweise über die das phänomenologische „Ursprungsverstehen erneuernde *Aktivität*", diese Aktivität sei „ein anderes als 'Betrieb', 'Betriebsamkeit', die nur ein Element des 'Außen' und der 'Objekte' ist, aber nicht in dem des *Geistes*." (GA 58 S. 168) In einer anderen seiner frühen Vorlesungen schreibt er – in einer Art und Weise, die sehr an Fichte erinnert – so: „Dieser Urhabitus des Phänomenologen läßt sich nicht von heute auf morgen aneignen, wie man eine Uniform anzieht, und er wird zur Form und führt zur Verdeckung aller echten Probleme, wenn er bloß maschinell in der Weise einer Routine, gehandhabt wird." (GA 56/57 S. 110) 1923 äußerte er seine Meinung über die verschiedenen phänomenologisch vorgehenden Richtungen folgende Meinung: „Der Betrieb der Schülerschaften hat die Zugänge zur wirklichen Ergreifung verlegt. [...] So steht es, anstatt daß man die Phänomenologie in ihrer Möglichkeit ergreift. Von diesem Betrieb her ist es unmöglich, etwas über die Phänomenologie auszumachen oder eine Definition zu gewinnen. Die Sache liegt hoffnungslos! Alle derartigen Tendenzen sind Verrat an der Phänomenologie und ihrer Möglichkeit. Der Ruin ist nicht mehr aufzuhalten!" (GA 63 S. 74, vgl. a.a.O. S. 5, 20, 77)
Heidegger erblickt im Betrieb und in der Betriebsamkeit erst seit Mitte der 30er Jahre eine wesentliche Bestimmung der Wissenschaften. Selbst der späte Heidegger betont gleichzeitig, daß er den Begriff des Betriebs in keinem wertenden, geschweige denn in einem abwertenden Sinne verwendet, und um dies zu untermauern, unterscheidet er zwischen dem wesentlichen Betriebscharakter der Wissenschaft und dem sogenannten bloßen Betrieb. „Der bloße Betrieb muß jederzeit bekämpft werden, gerade weil die Forschung im Wesen Betrieb ist." (GA 5 S. 97, vgl. Kockelmans 1985 S. 158). Diese Unterscheidung kann uns auf jeden Fall ein Wink sein, daß auch die späte Heideggersche Schaffensperiode nicht als wissenschaftsfeindlich zu charakterisieren ist, so eindeutig auch immer der späte Heidegger die modernen Wissenschaften der Seinsvergessenheit zuschreibt.
In der von uns untersuchten Zeitspanne begegnen äußerst selten Hinweise auf den Betriebscharakter der Wissenschaft, und auch an diesen Stellen kann man nicht davon lesen, daß der Betrieb die Wissenschaften wesentlich mitbestimmen würde (siehe z.B. GA 61 S. 29, 45 f., 160, SZ S. 376, 393, vgl. Bast 1986 S. 94 f.). Gleichwohl finden sich auch andere Stellen, die die wichtigsten Charakterzüge der verfallenden Wissenschaft umreißen. Heidegger formuliert 1922 z.B. so: „Die Verfallenstendenz ist in ihren drei Bewegungscharakteren des Versuchens, Beruhigens und Entfremdens die Grundbewegtheit nicht nur des ausrichtenden, herstellenden Umgangs, sondern auch der Umsicht selbst und ihrer möglichen Eigenständigkeit, des Hinsehens und des erkennend bestimmenden Ansprechens und Auslegens." (PIA S. 243) Heidegger hat die theoretische Erkenntnis gerade durch die Interpretation der Eigenständigkeit erlangenden Umsicht mit der uneigentlichen Neugier in Verbindung gebracht (vgl. SZ S. 170 ff., PIA S. 241).

An einer anderen Stelle spricht Heidegger davon, daß das „Man [...] zunächst und zumeist eine eigentliche Herrschaft über das Dasein [hat], sogar die Wissenschaft lebt daraus. Es zeigt sich in der Tradition, wie *man* fragt, wie man die Forschung anfaßt." (WDF S. 164). Früher haben wir gesehen, daß Heidegger dem Verhältnis zur Überlieferung auch im Falle der Wissenschaften eine entscheidende Bedeutung beimißt. Die Tradition kann leer werden, verlorengehen, was ein – unkritisches – Vorherrschen der überlieferten Ausgelegtheiten und der Forschungstradition bedeutet. Wenn also Heidegger in Zusammenhang mit den Wissenschaften von der Herrschaft des Man spricht, dann hebt er nur *eine* der früher analysierten Möglichkeiten hervor.

Diese Äußerungen verweisen eindeutig darauf, daß Heidegger eine der grundsätzlichen Möglichkeiten der Wissenschaften mit den uneigentlichen Tendenzen verbindet. Der Gegensatz von Eigentlichkeit und Uneigentlichkeit findet sich – in bezug auf die Wissenschaft – auch in *Sein und Zeit*. Heidegger spricht in § 69 b nach der Bestimmung des existenzialen Begriffs der Wissenschaft einerseits davon, daß das „objektivierende Sein bei innerweltlich Vorhandenem [...] den Charakter einer *ausgezeichneten Gegenwärtigung*" hat (SZ S. 363). Wie anhand von § 68 zu wissen ist, bedeutet der Heideggersche Termin *Gegenwärtigung* nichts anderes als die uneigentliche Gegenwart (a.a.O. S. 338). Unmittelbar danach setzt Heidegger seinen Gedanken gleichwohl mit der Bemerkung fort, daß die wissenschaftliche Aufdeckung „existentiell in einer Entschlossenheit des Daseins [gründet], durch die es sich auf das Seinkönnen in der 'Wahrheit' entwirft. Dieser Entwurf ist möglich, weil das In-der-Wahrheit-sein eine Existenzbestimmung des Daseins ausmacht. Der Ursprung der Wissenschaft aus der eigentlichen Existenz ist hier nicht weiter zu verfolgen." (a.a.O., S. 363) Wenn aber die Entschlossenheit, die – wie István M. Fehér schreibt – „die letztendliche Erschlossenheit des Daseins ist und als solche die ursprüngliche und eigentliche Wahrheit der Existenz" (Fehér 19992 a S. 178), also in gewissem Sinne das Fundament der Wissenschaft ist (vgl. auch SZ S. 300), dann kann auch die Wissenschaft nicht eindeutig als uneigentlich angesehen werden. Zu erwägen ist hierbei auch, daß Heidegger 1927 von der Wissenschaft in Zusammenhang mit der Freiheit handelt: „Die genannten Bestimmungen des Daseins – In-der-Welt-sein und Freiheit – reichen aus für unsere Absicht, das Wesen der Wissenschaft aus der Seinsart des Daseins – der Existenz – zu interpretieren." (GA 25 S. 20) Die wissenschaftliche Erkenntnis ist eine „frei gewählte Aufgabe" des existierenden Daseins. „Das freie Ergreifen der Möglichkeit eines solchen Enthüllens – als Aufgabe der Existenz – ist als Ergreifen des Enthüllens von Seiendem in sich selbst ein freies Sichbinden an das zu enthüllende Seiende als solches" (GA 25 S. 26).

Meines Erachtens ist dieser scheinbare Widerspruch, der sich darin zeigt, ob die theoretische Einstellung in Wahrheit den eigentlichen oder den uneigentlichen Tendenzen zuzurechnen ist, dadurch zu lösen, daß wir – wie bei den alltäglichen Verhaltensweisen – *sowohl die Eigentlichkeit wie auch die Uneigentlichkeit als eine Möglichkeit der Wissenschaft betrachten.*[125] Auch die früheren Analysen des Begriffes der echten Wissenschaft haben die Ansicht untermauert, daß es Heidegger um Möglichkeiten und gegensätzliche Tendenzen geht, und nicht etwa um abgeschlossene und fixierte Tatbestände, geschweige denn um endgültige Bestimmtheiten der Wissenschaft. *Wenn wir erwägen, daß Heidegger das menschliche Dasein, von dessen vielen und vielfältigen Seinsmodi die Wissenschaft einen darstellt, als Möglichsein bestimmt hat, dann – bin ich der Ansicht – dürfen wir auch die wissenschaftliche Verhaltensweise getrost als den Raum von Möglichkeiten interpretieren und brauchen in ihr nicht eine Institution zu erblicken, die über fixierte Eigenschaften verfügt.*

4.5. „Was ist Metaphysik?"

Bisher haben wir unsere Interpretationen thematisch aufgebaut, d.h. wir haben die Heideggerschen Gedanken – unter historischem Aspekt – nach inneren thematischen Sachzusammenhängen geordnet und behandelt. Im letzten Kapitel unserer Abhandlung wollen wir mit dieser Annäherungsweise gewissermaßen brechen, insofern wir die Gedankengänge der bisherigen thematischen Explikation mit Hilfe der Interpretation eines Vortrages, den Heidegger gegen Ende der von uns untersuchten Periode hielt, abschließen. Wir sehen uns aus mehreren Gründen zu diesem Verfahren veranlaßt.

Heidegger hielt seinen Vortrag mit dem Titel *Was ist Metaphysik?* am 24. Juli 1929 in der Aula der Freiburger Universität. Dieser Vortrag war die vor dem ganzen Plenum der Universität gehaltene Antrittsvorlesung jenes Heidegger, der die Professur des emeritierten Husserl übernommen hatte und soeben nach Freiburg zurückgekehrt war. Uns ist sowohl die Zeit wie auch die Situation des Vortrags wichtig. Die Zeit deshalb, weil dieser Text am Wendepunkt des Heideggerschen Denkweges entstand. Die Gedankenwelt von *Sein und Zeit* kommt noch stark zur Geltung, gleichzeitig aber läßt sich diesem Vortrag auch der Anspruch – besonders von der Philosophie des späten Heidegger betrachtet – anhören, neue

[125] Wie für die Wissenschaft auch die indifferenten Strukturen des menschlichen Daseins (z.B. das In-der-Welt-sein) bestimmend sind.

Wege zu erschließen.[126] Diese Position läßt sich nur in bestimmtem Maße zur Geltung bringen, da wir auf die Gedankenwelt des späten Heidegger nicht angehen können. Dennoch ist der Umstand außerordentlich belangvoll, daß dieser Vortrag schon einige Jahre nach der Niederschrift von *Sein und Zeit*, aber noch *vor* Heideggers politischen, *wissenschafts*politischen Tätigkeiten und Mißerfolgen in den 30er Jahren konzipiert wurde. So kann Heidegger in dieser Schrift aus dem Scheitern seines fundamentalontologischen Programms die Lehren ziehen, wobei er noch weiterhin mit der Möglichkeit der echten Wissenschaft rechnet.

Ein weiterer Aspekt, der diesen Vortrag auszeichnet, ist die Situation, in die er hineingesprochen wurde. Die Situation nämlich, wo der Philosoph vor die Vertreter der Fachdisziplinen tritt und ihnen Dimensionen eröffnet, die mit Hilfe der Methodologie dieser Disziplin unzugänglich sind, entspricht jener Situation, die Heidegger für notwendig gehalten hatte, damit echte Wissenschaft entsteht. Husserl in dessen Professur zu folgen, mochte damals zweifelsohne ein wissenschaftliches Ereignis von großer Bedeutung gewesen sein. Dementsprechend wird man diesem Vortrag mit größter Aufmerksamkeit begegnet sein. Dies durfte Heidegger diese Situation als geeignet erscheinen lassen, mit seinem Vortrag den Versuch zu unternehmen, das herkömmliche Verhältnis zwischen Philosophie und Wissenschaft quasi zu *sprengen*[127] und mit Vorstellungen hervorzutreten, die in die Richtung der möglichen Neugestaltung und *Neuaneignung* dieses Verhältnisses zeigten. Wird der Text unter diesem Aspekt gelesen, so ist besonders deutlich, daß es sich um ein *außerordentlich gut komponiertes* – ohne Zweifel schon zu Papier gebrachtes – Werk handelt.

Der letzte noch zu erwähnende Aspekt hängt mit dem Verhältnis der wissenschaftsphilosophischen Tradition und der hermeneutischen Phänomenologie Heideggers zusammen, genauer gesagt mit der Dürftigkeit der Bezüge, vor allem dann, wenn man die Möglichkeiten solcher Bezüge vor Augen hält. Es entstand nämlich die sonderbare Situation, daß der einzige als klassisch geltende wissenschaftstheoretische Text, in dem auf Heidegger verwiesen wird, jener eingangs schon erwähnte Artikel von Carnap ist, in dem Carnap auf den bereits 1929 erschienenen Vortrag reflektiert. Schon allein wegen dieses Umstandes halte ich für wichtig, die von Carnap als abschreckende Beispiele zitierten Sätze – innerhalb der Interpretation des ganzen Textes – zu deuten zu versuchen. Es gilt noch

---

[126] Mit einem Vergleich ausgedrückt: Der Interpretator befindet sich dieser Schrift gegenüber in der Lage des Bergsteigers, der auf einer Paßhöhe steht. Er kann noch das Tal einsehen, von dem er hergekommen ist, gleichzeitig zeichnen sich aber auch die Silhouetten jener Landschaft ab, zu der er durch den Paß hindurchgelangen wird.

[127] „The audience that day was university-wide, hence almost to a man composed of scientists of one sort or another, all come to hear the first lecture of their illustrious colleague. And what did he talk to them about? About science? Not at all. About 'nothing'!" W.J. Richardson 1968 S. 528.

einmal zu betonen, daß das Ziel einer solchen Interpretation nicht sein kann, sich mit der neopositivistischen Annäherungsweise auch nur in angebrachter Kürze auseinanderzusetzen. Die Rede kann hier höchstens von einem Versuch sein, den Sinn dieser Sätze *in ihrem eigenen Zusammenhang* aufzuweisen und mit jener komplexen Heideggerschen Wissenschaftsauffassung zu verbinden, die – wie bereits erwähnt – viel Ähnlichkeit mit den sich in den 60er Jahren entfaltenden, sich gegenüber neopositivistischen Vorstellungen als alternativ verstehenden Wissenschaftsphilosophien zeigt.[128]

Schon der Anfang des Vortrags macht stutzig. Heidegger gibt nämlich zu verstehen, daß er nicht *von* der Metaphysik sprechen wird, sondern durch die Entfaltung einer konkreten metaphysischen Frage der Metaphysik ermöglichen wird, „sich selbst vorzustellen." (WM S. 7, WGM S. 1)[129] Diese Formulierung legt nahe, daß der Vortrag nicht der Vorstellung von Heidegger vor dem Publikum der Universität, sondern der Vorstellung der Metaphysik selbst gewidmet ist.

Der erste Teil des Vortrags, der den Titel „Die Entfaltung eines metaphysischen Fragens" trägt, versucht das metaphysische Fragen durch die Einbeziehung der schon angezeigten Situation in dem Vortrag in Gang zu bringen. Der Sinn dieses Verfahrens besteht darin, daß der Fragende in einem echten philosophischen Fragen auch selbst fraglich wird. Das metaphysische Fragen in Gang setzen heißt daher, die daran Teilnehmenden in das Fragen radikal einbeziehen. „*Wir* fragen, hier und jetzt, *für uns*." (ebd.)

Heidegger setzt die Entfaltung seiner Gedanken mit folgender Frage fort: „Unser Dasein – in der Gemeinschaft von Forschern, Lehrern und Studierenden – ist durch die *Wissenschaft* bestimmt. Was geschieht Wesentliches mit uns im Grunde des Daseins, sofern die Wissenschaft unsere *Leidenschaft* geworden ist?" (WM S. 7 f., WGM S. 1) Die Geste, wie Heidegger dem Publikum der Universität entgegenkommt, hat zwei Hauptmomente: Der erste Schritt besteht in der ganzheitlichen Einbeziehung aller Anwesenden, in der Anrede der Gemeinschaft alle Forscher, Dozenten und Studenten. Der zweite Schritt hingegen ist schon beschränkend. Hier wird eine wichtige Voraussetzung formuliert: Die Rede sei über diejenigen, denen die Wissenschaft zur Leidenschaft geworden sei. Von dieser Formulierung lassen sich mehrere Konsequenzen ziehen. Einerseits bezieht hier Heidegger in den Begriff „Wissenschaft" auch die Philosophie, die Metaphysik ein, und die Wissenschaft in diesem breiteren Sinne ist gerade jene Instanz, die die Gemeinschaft schafft. Acht Jahre zuvor hatte Heidegger in einem ähnlichen Kontext gemeint: „'Wissenschaft' kann in einem formalen Sinne genommen

---

[128] Vgl. *Einleitung*, Fußnote 1

[129] Der Text der ersten Auflage von *Was ist Metaphysik?* unterscheidet sich von den späteren Auflagen im Band *Wegmarken* darin, daß in der ersten Auflage gewisse Abschnitte hervorgehoben sind. Da die erste Auflage schwer zugänglich ist, werden auch die Seitenzahlen des Bandes *Wegmarken* angegeben.

werden, wo es besagt eine 'Leidenschaft' – dann sind die Wissenschaften nicht so 'wissenschaftlich' wie die Philosophie." (GA 61 S. 46, vgl. auch S. 37) Der obige 1929 gesprochene Heideggersche Satz läßt sich also dahin deuten, daß die Metaphysik als Verfechter der Wissenschaftlichkeit mit der Aufforderung vor die Gemeinschaft der Wissenschaftler tritt, 'wenn euch eure Wissenschaft zur Leidenschaft geworden ist, dann (und nur dann) wäre sie ein gemeinsamer Grund, von dem wir ausgehen können'.

Im nächsten Absatz gibt Heidegger durch die Charakterisierung der gegenwärtigen Lage den Kontrapunkt zu dieser Möglichkeit an: „Die Gebiete der Wissenschaften liegen weit auseinander. [...] Diese zerfallene Vielfältigkeit von Disziplinen wird heute nur durch die technische Organisation von Universitäten und Fakultäten [...] zusammengehalten. Dagegen ist die Verwurzelung der Wissenschaften in ihrem Wesengrund abgestorben." (WM S. 8, WGM S. 2) Diese beiden Absätze hat man synoptisch zu betrachten, damit die Tektonik des Heideggerschen Vortrags richtig interpretiert werden kann: Nachdem er seinen Arm ausgestreckt und die Möglichkeitsvoraussetzung gezeigt hat, zieht er gegen die gegebene wissenschaftliche Praxis unerbittlich ins Feld.[130, 131] Bei der Interpretation des Begriffes 'echte Wissenschaft' bereits festgestellt wurde, ist die Erschlossenheit gegenüber den verschiedenen Ursprungssphären der wesentliche Grundzug jener möglichen wissenschaftlichen Haltung, die dieser Begriff bezeichnet. Die betriebsam gewordene wissenschaftliche Praxis, die sich nach und nach in die Richtung des Vollzugs verschoben hat, ist ein verfallender uneigentlicher Modus der Wissenschaft. In diesem Abschnitt entwirft also Heidegger – und zwar ziemlich dramatisch – jene andere Alternative, die die Wissenschaften haben könnten.

Anschließend begibt sich Heidegger auf die Ebene zurück, wo sich ein Zwiegespräch entfalten kann bzw. wo diese Möglichkeit – wieder einmal – vereitelt werden kann. „Und doch – in allen Wissenschaften verhalten wir uns, ihrem eigensten Absehen folgend, zum *Seienden selbst.* [...] In den Wissenschaften vollzieht sich – der Idee nach – *ein In-die-Nähe-kommen zum Wesentlichen aller Dinge.* [...] Die Wissenschaft hat aber ihre Auszeichnung darin, daß sie in einer ihr eigenen Weise ausdrücklich und einzig der Sache selbst das erste und letzte

---

[130] Denken wir an jene Stellen zurück, wo Heidegger seine Gedanken über die Notwendigkeit der Universitätsreform und der Art und Weise, wie diese in Angriff zu nehmen sei, erläutert hat!

[131] Die hier formulierte Kritik an die institutionalisierte Wissenschaft wird von Glazebrook der Stelle von *Sein und Zeit* gegenübergestellt, wo die objektivierende Wissenschaft von Heidegger ausgelegt wird. Es wird von Glazebrook ignoriert, daß die institutionalisierte Wissenschaft von Heidegger schon seit 1919 ausgelegt und kritisiert wurde, und auch darin kann man ihm nicht zustimmen, daß das Konzept der objektivierenden Wissenschaft jener Kritik widersprechen würde. „In 1927 he accepted the objectivity of the sciences easily. Beginning in 1929, his critique of institutionalized science in the face of the political appropriation of the university contains the insight that the sciences are a politically and historically situated hermeneutic project rather than the interest-free pursuit of objectivity." (Glazebrook 2000 S. 122)

Wort gibt." (WM S. 8 f., WGM S. 2) Wir haben früher schon gesehen, daß die eine Ursprungssphäre, die die Philosophie für die Wissenschaft erschließen kann, die ursprüngliche Erfahrung der Dinge ist. Hierzu ist aber nötig, daß die Philosophie eine Perspektive eröffnet, die mit den Mitteln der Wissenschaft unzugänglich ist. Heidegger hat dies in der Sprache der Ontologie so ausgedrückt, daß die jeweilige Fachdisziplin die Wissenschaft des Seienden, die Philosophie die des Seins sei. Diese Unterscheidung – wie bereits ausgeführt – bedeutet natürlich nicht, daß sich die Wissenschaften nicht in einem Seinsverständnis bewegen würden, sondern nur, daß sie das Seiende ins Auge fassen. Der obige Satz nämlich, daß wir in den Wissenschaften *der Idee nach* dem Wesen der Dinge nahekommen, verweist auf die Labilität der Wissenschaften, auf die Verzweigung der Möglichkeiten: Die Wissenschaft, die das Seiende erforscht, nimmt an einer – von Heidegger in Ehren gehaltenen – Tradition teil, und so kann sie in einer sich an den Dingen orientierenden freien Bindung jene aufdecken, gleichwohl läuft sie infolge der absoluten Orientierung an dem Seienden und des Überwiegens der objektivierenden Tendenzen Gefahr, daß ihre Zugangsart erstarrt, zu einer bloßen Technik wird und ihr die Ursprünglichkeit abhanden kommt.[132]

Im weiteren lenkt Heidegger unsere Aufmerksamkeit auf die zweite Möglichkeit, auf das Selbstverlieren der Wissenschaft:[133] „Worauf der Weltbezug geht, ist *das Seiende* selbst – und sonst nichts. Wovon alle Haltung ihre Führung nimmt, ist *das Seiende selbst* – und weiter nichts. Womit die forschende Auseinandersetzung im Einbruch geschieht, ist *das Seiende selbst* – und darüber hinaus nichts. Aber merkwürdig – gerade in dem, wie der wissenschaftliche Mensch sich eines Eigensten versichert, spricht er von einem Anderen. **Erforscht werden soll das Seiende nur und sonst – *nichts*; das Seiende allein und weiter – *nichts*; das Seiende einzig und darüber hinaus – *nichts*.**" (WM S. 9 f., WGM S. 3)[134]

Die Tendenz, die hier Heidegger charakterisiert, kann mit dem als Entlebung, Entdeutung, Entgeschichtlichung und Entweltlichung aufgefaßten Objektivierungsvorgang in einen engen Zusammenhang gebracht werden. In dem Objektivationsvorgang ist nämlich die Tendenz am Werk, sich von den Lebens- und Bedeutsamkeitszusammenhängen abzulösen, die paradoxerweise gerade den tragenden Grund der theoretischen Einstellung bilden. Dieses spannungsvolle Verhältnis wurde von uns in einen strukturellen Zusammenhang gesetzt, in dem die Struktur des In-der-Welt-seins auf die grundsätzlichste Ebene gebracht wurde und wir haben den Nachweis erbracht, daß die Tendenz der Entweltlichung nur aufgrund dieser

---

[132] Heidegger schrieb 1927 z.B.: „Wissenschaftliche Methode ist nie eine Technik. Sobald sie das wird, ist sie von ihrem eigenen Wesen abgefallen." (GA 24 S. 29)

[133] Daß es sich hier in der Tat nur um die *eine* Möglichkeit des wissenschaftlichen Verhaltens handelt, stellt sich erst später heraus.

[134] Ich mache die Sätze, die Carnap zitiert hat, durch Fettschrift kenntlich.

tieferen Ebene, in deren Rahmen funktionieren kann (vgl. Kapitel 3.2.1.). Ähnlich soll auch das Verhältnis der sich am Seienden ausrichtenden Wissenschaft zum Sein aufgefaßt werden. Das Erforschen des Seienden kann nur in einem Spielraum vor sich gehen, der durch das Verstehen des Seins des Seienden überhaupt erst eröffnet werden kann. Früher widmeten wir auch dieser Problematik eine ausführliche Erörterung. Die Wissenschaft richtet sich also vergebens an dem Seienden und an nichts anderem aus, dieses Ausrichten bedeutet nicht, daß andere Ebenen nicht ebenfalls in den Forschungsprozeß mit einbezogen werden würden. Die obigen Sätze können demnach auch so bewertet werden, daß Heidegger – sich in die Perspektive der Wissenschaft[135] hineinversetzend – bewußt ein zugespitzt einseitiges Bild zeichnet, gleichzeitig aber in dieses Bild die Möglichkeit des Fortganges einbaut.

Heidegger setzt seinen Gedankengang mit folgender Formulierung fort: „Die Wissenschaft will vom Nichts nichts wissen. Aber ebenso gewiß bleibt bestehen: dort, wo sie ihr eigenes Wesen auszusprechen versucht, ruft sie das Nichts zu Hilfe. Was sie verwirft, nimmt sie in Anspruch. Welch *zwiespältiges* Wesen enthüllt sich da?“ (WM S. 10, WGM S. 4) Es springt gleich ins Auge, daß die Struktur, in der sich der Heideggersche Gedankengang bewegt, der Charakterisierung der Entweltlichung äußerst ähnlich ist. Auch die Entweltlichung ist nur aufgrund des In-der-Welt-seins möglich, auch sie „nimmt in Anspruch, was sie verwirft“. Das entscheidend Neue und gleichzeitig das Problem an diesem Gedankengang ist natürlich, wie das Nichts hier auftaucht. Um auf diese Frage zu beantworten und tiefer untersuchen zu können, was Heidegger unter dem zwiespältigen Wesen der Wissenschaft versteht, müssen wir vorerst dem Gedankengang des nächsten Teiles des Vortrags, der Ausarbeitung der Frage nach dem Nichts folgen. Ehe wir uns auf eine eingehende Analyse einlassen werden, müssen wir in bezug auf das Phänomen des Nichts einige allgemeine Bemerkungen machen. Wir haben in Kapitel 4.3. gesehen, daß die Erfahrung, das gestimmte Verstehen des Phänomens des Nichts das menschliche Dasein vor dessen eigene Endlichkeit zwingt und das verstandene Nichts in diesen Erfahrungen als solch ein Horizont in Erscheinung tritt, in dessen Hintergrund sich dem Dasein die verschiedenen Dimensionen der menschlichen Endlichkeit abzeichnen. Im weiteren haben wir festgestellt, daß diese Erfahrungen *und* die diese Erfahrungen aufdeckenden phänomenologischen Untersuchungen gleichsam als Gegenbewegungen dienen, also das menschliche Dasein aus seinem Verfallen quasi zurückrufen, und mit sich selbst konfrontierend dazu veranlassen, sich neu zu wählen. Meiner Ansicht nach muß auch die Tatsache, daß der nach Freiburg zurückkehrende Heidegger, wo er

[135] Die durchaus ihre Daseinsberechtigung hat, aber nur als das Moment einer größeren Ganzheit. Verselbständigt sich diese Perspektive und wird sie verabsolutisiert, so erfolgt gerade jene früher schon analysierte Grenzüberschreitung, die für die uneigentliche Seinsweise der Wissenschaft charakteristisch ist.

vor die Öffentlichkeit der Universität tritt, vom Nichts spricht, unter diesem Aspekt bewertet werden. Dies ist an und für sich eine Geste, die die gewöhnliche Feierlichkeit solcher Anlässe zerstört und in Hinsicht auf den selbstverständlichen Betrieb der Universität ähnliche Folgen zeitigen kann wie die Befindlichkeit der Angst oder der Ruf des Gewissens in Hinsicht auf den Betrieb des alltäglichen Lebens. Heideggers Absicht ist: *Statt verstaubte Gemeinplätze feierlich zu dreschen, durch Schockierung zu einem wesentlichen Denken aufzurufen.*
„***Wie steht es um dieses Nichts?***" (WM S. 11, WGM S. 4) Die Frage nach dem Nichts ist für Heidegger eine strenge phänomenologische Frage, deren Ausarbeitung eigentlich in der Aufdeckung und der Auslegung jener Wege und Irrwege besteht, die sich bei der Beantwortung dieser Frage ergeben. Der Abschnitt mit dem Titel *Die Ausarbeitung der Frage* nimmt diese Arbeit in Angriff. Heidegger nimmt zunächst jene Wege in Augenschein, die nicht geeignet sind, an dieses Phänomen heranzuführen, deren Diskutierung jedoch der Beantwortung oder mindestens dem richtigen Stellen der Frage näher bringt. Fragt man nach dem Nichts, als würde man sich nach einem Seienden erkundigen, so gerät man in einen Widerspruch. „Dementsprechend ist auch jede Antwort auf diese Frage von Hause aus unmöglich. Denn sie bewegt sich notwendig in der Form: das Nicht 'ist' das und das. ***Frage und Antwort* im Hinblick auf das Nichts sind gleicherweise in sich *widersinnig*.**" (WM S. 11, WGM S. 5) Der letzte Satz bezieht sich im Sinne des Textzusammenhanges eindeutig nur auf Fragen und Antworten, die in der in Frage stehenden Weise konzipiert sind.
Die Wissenschaft braucht *diese Frage* nicht einmal zurückzuweisen, setzt Heidegger fort, denn die „**gemeinhin beigezogene Grundregel des Denkens überhaupt, der Satz vom zu vermeinenden Widerspruch, die allgemeine '*Logik*', schlägt diese Frage nieder.**" (WM S. 11 WGM S. 5) Ist aber die abkünftige Logik ein geeignetes Forum für die Behandlung der Problematik des Nichts?, fragt er danach. Nähert man sich nähmlich dieser Frage mit der herkömmlichen Logik, so wird man angehalten sein, das Nichts als „die Verneinung der Allheit des Seienden" (ebd.) zu denken. Gleichwohl wären zunächst – Heidegger zufolge und wieder im Sinne der ursprungswissenschaftlichen Annäherungsweise – folgende Fragen zu klären: „***Gibt es das Nichts nur, weil es das Nicht, d. h. die Verneinung gibt? Oder liegt es umgekehrt? Gibt es die Verneinung und das Nicht nur, weil es das Nichts gibt?* [...] Wir behaupten: *das Nichts ist ursprünglicher als das Nicht und die Verneinung*.**" (WM S. 12, WGM S. 5 f.)
Demnach ist Heidegger nichts weniger aufgegeben, als einen anderen Weg zum Phänomen des Nichts zu eröffnen und ein ursprünglicheres Worinbestehen dieses Phänomens aufzuzeigen. So bleibt weiterhin zu fragen: „**Wo suchen wir das Nichts? Wie finden wir das Nichts?**" (WM S. 13, WGM S. 6) Nicht anders als bei der Seinsfrage will Heidegger auch hier auf die faktische alltägliche Erfah-

rungsbasis zurückgreifen, um die Ursprünglichkeit seines Fragens zu sichern. „***Wir kennen das Nichts***, wenn auch nur als das, worüber wir alltäglich dahin und daher reden." (ebd.) Heidegger bleibt an diesem Punkt nicht stehen, sondern sucht – wie wir es auch in *Sein und Zeit* gesehen haben – nach solchen ausgezeichneten Erfahrungen, die gewissen Ursprungssphären von vornherein erschlossen sind. Heidegger hebt auch in diesem Vortrag die Befindlichkeit der Angst hervor, sie scheine geeignet, der phänomenologischen Annäherung an das Nichts den richtigen Grund zu legen. In Kapitel 4.3. sind wir der Analyse der Angst in *Sein und Zeit* bereits nachgegangen. Dort sind wir dank von Textinterpretationen zu folgenden Feststellungen gekommen: *In dem Hintergrund des Nichts der Welt* zeigt sich uns *die Ganzheit und die Kontingenz* unseres In-der-Welt-seins. Zu dieser äußersten Erfahrung ist ein 'Fleckchen Erde' nötig, das das Ergebnis der in der Angst einsetzenden Vereinzelung ist und von dem das Dasein sich quasi wendend sein Sein als das je seine findend wählen kann. Diese extreme Position kann ihre ausgezeichnete Stellung dem Umstand verdanken, daß dem Dasein sein eigenes, endliches Sein in dieser äußersten Vereinzelung vor dem Hintergrund des Nichts – der Nichtigkeit seines eigenen Seins – bekundet. *Das durch die Befindlichkeit erschlossene und verstandene Nichts können wir also als einen Horizont auffassen, in dem dem Dasein sein Sein sich als endlich und das je eigene zeigt, und die Angst als ein Geschehnis, das – das Dasein vereinzelnd – für das Dasein diesen Horizont aufreißt.*

Der Vortrag von 1929 verläuft in vieler Hinsicht parallel zu den Analysen von *Sein und Zeit.* Die Angst konfrontiert das Dasein mit seiner Unheimlichkeit, alle „Dinge und wir selbst versinken in eine Gleichgültigkeit. [...] Es bleibt kein Halt. Es bleibt nur und kommt über uns – im Entgleiten des Seienden – dieses 'kein'. ***Die Angst offenbart das Nichts.*** **[...] Wovor und worum wir uns ängsteten, war 'eigentlich' – nichts. In der Tat: das Nichts selbst – als solches – war da.**" (WM S. 16 f., WGM S. 9 f. .) Wir haben die Angst qua Grundbefindlichkeit als Geschehen zu verstehen. Das Seienden entgleitet quasi unseren Händen. Das menschliche Dasein, das gegen die Angst ohnmächtig ist, wird aus seiner gewohnten Welt ausgebettet und sieht sich gezwungen, seiner Endlichkeit ins Auge zu sehen. Es ist kein aktiver Protagonist dieses Vorganges. Es geht im Gegenteil darum, daß die gewohnten Tätigkeiten, Verhaltensweisen nicht mehr funktionieren. Das Geschehen, das letztendlich dennoch dem Dasein geschieht, reißt den Menschen mit und läßt ihn mit sich selbst als endlichem Dasein konfrontieren. Mit Heideggers Worten: „Das Nichts selbst nichtet." (WM S. 19, WGM S. 11)

Was Heidegger mit dem Begriff des Nichtens erfassen will, ist solch eine Grundbewegung bzw. solch ein Grundgeschehen, das den Menschen als Dasein bestimmt. Wir könnten auch sagen, daß Heidegger die Seinsstruktur des menschlichen Daseins nicht statisch, sondern dynamisch denkt, nicht als Zustand, sondern als Vorgang auffaßt.[136] Eines der wesentlichen Momente dieser Seinsstruktur is die Endlichkeit, die als Geschehen, als das Nichten des Nichts verstanden wird.[137] Dieses Geschehen, wie in dem einschlägigen Gedankengang von *Sein und Zeit*, bleibt bei dem Vorgang des Ausstoßes nicht stehen, sondern enthält auch die Bindung an eine neue Ebene. Mit Heideggers Worten: Das Nichten ist „die *abweisende Verweisung* auf das entgleitende Seiende im Ganzen" (WM S. 19, WGM S. 11). Dadurch nämlich, daß das Seiende den alltäglichen, aufgehenden Tätigkeiten keinen Anhaltspunkt bietet, stoßen sie gerade durch ihren *abweisenden* Grundzug das Dasein in eine Lage, von der es auf das Seiende *im Ganzen verwiesen* werden kann. „In der hellen Nacht des Nichts der Angst ersteht erst die *ursprüngliche* Offenheit des Seienden *als eines solchen*". (WM S. 19, WGM S. 11) Auch aus dieser Formulierung ist ersichtlich, daß Heidegger das verstandene Nichts weiterhin als Horizont denkt. Der Ausdruck 'helle Nacht' bildet offensichtlich einen unausgesprochenen Gegensatz zur dunklen Nacht und verweist auf das Phänomen, wo man in der Nacht *nur die verschwommenen Umrisse der Dinge wahrnimmt*. *Nur* die Silhouette von etwas sehen bedeutet nichts anderes, als daß die Einzelheiten, da sie unsere Aufmerksamkeit nicht ablenken, auch keine Anhaltspunkte bieten und uns dadurch mit der Begrenztheit, mit der Endlichkeit des jeweiligen Dinges konfrontieren.

Für Heidegger bedeutet die Erfahrung der Angst einen möglichen Zugang zur Seinsstruktur des Daseins, die von der Befindlichkeit der Angst unabhängig durch die Endlichkeit, durch das Nichten des Nichts bestimmt ist. „Das Wesen des ursprünglich nichtenden Nichts liegt in dem: *es bringt das Da-sein allererst vor das Seiende als ein solches.* Nur auf dem Grunde der ursprünglichen Offenbarkeit des Nichts kann das Dasein des Menschen auf Seiendes zugehen und eingehen. […] *Da-sein* heißt: *Hineingehaltenheit in das Nichts.* […] *Ohne ursprüngliche Offenbarkeit des Nichts kein Selbstsein und keine Freiheit.*" (WM S. 19 f., WGM S. 12) Der Ausdruck 'Hineingehaltenheit in das Nichts' hat – meiner Auffassung nach – die Tiefen der menschlichen Endlichkeit und die Vielfalt von deren Dimensionen zum Ausdruck zu bringen.[138] In den Untersuchungen zu *Sein und Zeit* ist dieser

---

[136] Denken wir nur daran, daß Heidegger den Sinn des Seins des Daseins in *Sein und Zeit* in der Zeitlichkeit aufgefunden hat.

[137] Von der seinsgeschichtlichen Perspektive des späten Heidegger ließe sich der Ausdruck *das Nichts nichtet* selbstredend auch nach weiteren Gesichtspunkten interpretieren, aber hiervon muß hier abgesehen werden.

[138] „Die Hineingehaltenheit in das Nichts [ist] keine vorhandene Eigenschaft des Daseins bezüglich eines anderen Vorhandenen, sondern eine Grundweise, wie das Da-sein als solches sein Sein-Können zeitigt. Das Nichts ist nicht nichtige Leere, […] sondern die ständig abstoßende Macht, die einzig in das Sein hineinstößt und uns des Daseins mächtig sein läßt." (GA 29/30 S. 433) Der Ausdruck ‚Hineingehaltenheit' bedeutet meines Erachtens, daß die verschiedenen Dimensionen des menschlichen Daseins samt und sonders durch die Endlichkeit bestimmt sind. Daß das Dasein in das Nichts hineingehalten sei, drückt so die Mannigfaltigkeit seiner Endlichkeit aus.

vieldimensionale Charakterzug schon zum Vorschein gekommen. Dort handelt es sich nicht nur um eine Endlichkeit in der Zeit, auch die Strukturen der Geworfenheit und des Entwurfes sind wesentlich endlich.[139] Wir haben des weiteren gesehen, daß jene Vereinzelung, die von Hermann mit der Individuation in Verbindung gesetzt hat (vgl. auch W. Marx 1961 S. 101 f.), das Dasein in jene Lage stößt, die die *Freiheit* der Wahl selbst ermöglicht.

Zu betonen gilt auch die Endlichkeit des Entwurfes. Das Entwerfen ist das Vehikel der Weltbildung und die existenziale Seinsstruktur jenes erfahrungsmäßigen Spielraumes (vgl. SZ S. 145), in der das Aufdecken des Seienden – auch in den Wissenschaften – vor sich geht. Von diesem Blickwinkel aus betrachtet ist eine Feststellung Heideggers aus dem kurz nach *Sein und Zeit* erschienenen Kant-Buch bemerkenswert: „Nur weil das Seinsverständnis das Endlichste im Endlichen ist, kann es auch die sogenannten 'schöpferischen' Fähigkeiten des endlichen Menschenwesens ermöglichen." (KPM S. 206) Der Ausdruck 'im Endlichen' bezieht sich offenkundig auf das endliche Dasein des Menschen. In Kapitel 3.2.2. haben wir das Seinverstehen als jenen Spielraum interpretiert, der von dem zum Dasein gehörenden Sinn und von dem Sein des betroffenen Seienden gemeinsam aufgerissen wird. Auch wurde festgestellt, daß einzelne Zugangsweisen und Bedeutsamkeitszusammenhänge das Sein des Seienden nicht erschöpfen. Sie veranlassen es vielmehr lediglich, sich in einer bestimmten Weise zu zeigen. Auch haben wir eingesehen, daß man keine äußere Position beziehen kann, von der aus ein bestimmtes Seiendes oder eine gewisse Zugangsart so betrachtet werden könnte, ohne man sich zwischendurch in eine andere Betrachtungsposition hineinzubegeben. Diese Punkte stehen mit der Nichtigkeit, die in Kapitel 4.3. behandelt worden ist, in engstem Zusammenhang. Dort haben wir nämlich gesehen, daß der Entwurf, indem er dem Dasein einen bestimmten Möglichkeitsbereich eröffnet, andere Möglichkeitsräume notwendigerweise verschließt oder zumindest außer Acht läßt. *Die eine der Dimensionen, die Endlichkeit des menschlichen Daseins ist demnach so zu interpretieren, daß das Dasein als Möglichsein, als die Vielfalt und der endliche Möglichkeitsbereich solcher endlichen Zugangsarten existiert, die – dank dem weltbildenden Entwurf – selbst in Bewegung kommen, umstruktuiert und in ursprünglicher Weise erneuert werden können, also geschichtlich sind.*

Des weiteren müssen wir darauf aufmerksam machen, daß der Heideggersche Begriff der Wahrheit, die Unver*borgenheit* bereits in seiner Bestimmung ein *Nicht* enthält. Wir haben in unserer kurzen, ebenfalls in Kapitel 3.2.2. ausgeführten

---

[139] Werner Marx ist gleichwohl der Ansicht, „daß es sehr fraglich ist, ob es Heidegger in *Sein und Zeit* gelungen ist, die verschiedenen Sinne von 'Nichtigkeit' (Tod, Nichtigkeit der Geworfenheit – nichtiger Grund), Nichtigkeit des Entwurfs, Nichtigkeit der Verfallenheit und vor allem Nichtigkeit der Angst (als Verlust der Bedeutsamkeit) [...] zusammenzubringen." (W. Marx 1980 S. 173)

Interpretation darauf hingewiesen, daß der Heideggersche Begriff der Wahrheit, das Hervorgehen aus der Verborgenheit in die Unverborgenheit auch als eine Auseinandersetzung, als eine dynamische Bewegung der Zugangsarten aufgefaßt werden kann und es ist leicht einzusehen, daß *die als solch eine Bewegung, solch ein Geschehen aufgefaßte Wahrheit wesenhaft endlich ist, einerseits, weil sie als notwendiges Moment die Verborgenheit beinhaltet und nicht etwa das Sichherzeigen, andererseits, weil diese Auffassung die Unmöglichkeit einer Position außerhalb der endlichen Zugangsart prinzipiell als Möglichkeitsvoraussetzung in sich einschließt.*[140]

Die aufgezählten Endlichkeitsdimensionen des Seinsverstehens lassen sich – dies dürfte leicht eingesehen werden können – mit den schöpferischen Fähigkeiten des endlichen menschlichen Daseins in Verbindung setzen. Das Erschließen der endlichen Möglichkeitsbereiche des Seinkönnens und der Vorgang der Welt- und Traditionsbildung sind im wesentlichen schöpferische Akte, die gleichsam eben wegen ihrer Endlichkeit der Erschließung neuer Entwürfe, neuer Welten und neuer Möglichkeitsbereiche 'Raum bieten'. Auch sollten wir daran denken, daß *sowohl der Anspruch, radikal zu fragen, wie auch die Forderung, zu Krisen fähig zu sein, das Einbauen des 'Nicht' in die jeweilige Annäherungsweise mit sich bringt, andererseits Produktivität und Originalität voraussetzen. Werner Marx schreibt an einer Stelle das folgende:* „Die verändernde und geschichtsgründende Macht, die die Frühwerke dem Dasein zuschreiben, bestimmt sich letztlich daraus, daß die Möglichkeiten, in die das Dasein geworfen ist und die es entwirft ungeschlossen und neuer Entwicklungen fähig sind. Von diesem Begriff einer offenen Möglichkeit her zeigt sich das Wesen des Menschen in einem ganz neuartigen und radikalen Sinne als 'schöpferisch'." (W. Marx S. 119)

Die Endlichkeit des Seins des menschlichen Daseins ist also eine Konstituente jener Art, wie sich das Dasein zu dem Seienden verhält. „Es – das Nichts in seinem Nichten – verweist uns gerade an das Seiende. Das Nichts nichtet unausgesetzt, ohne daß wir mit *dem* Wissen, darin wir uns *alltäglich* bewegen, um dieses Geschehen *eigentlich* wissen." (WM S. 21, WGM S. 13) Dieses Geschehen

---

[140] Man möge bedenken: Wäre eine von den Zugangsarten unabhängige *absolute* Position möglich, dann müßte die Wahrheit an diese Position *gebunden* gedacht werden und eben nicht als Bewegung. Daß die Wahrheit als Bewegung aufgefaßt wird, verweist zugleich auf das Moment der Überwindung und der prinzipiellen Unabgeschlossenheit, Unabschließbarkeit.

[141] „Denn die Verneinung kann weder als das einzige, noch gar als das führende nichtende Verhalten angesprochen werden, darin das Dasein vom Nichten des Nichts durchschüttert bleibt. Abgründiger als die bloße Angemessenheit der denkenden Verneinung ist die Härte des Entgegenhandelns und die Schärfe des Verabscheuens. Verantwortlicher ist der Schmerz des Versagens und die Schonungslosigkeit des Verbietens. Lastender ist die Herbe des Entbehrens." (WGM S. 14) Dieser Gedankengang läßt sich mit jenen Äußerungen von Heidegger in Verbindung setzen, denen zufolge die theoretische Einstellung keine vorrangige Verhaltensweise des menschlichen Daseins ist.

geht Heidegger zufolge in einer solchen Ursprungssphäre vonstatten, die der Alltäglichkeit unmittelbar nicht zugänglich ist. Diese vieldimensionelle Endlichkeit erweist sich gleichsam auch für die abkünftige Logik als unzugänglich.[141] „Das Nicht kann aber nur offenbar werden, wenn sein Ursprung, das Nichten des Nichts überhaupt und damit das Nicht selbst, der Verborgenheit entnommen ist. Das Nicht entsteht nicht durch die Verneinung, sondern die Verneinung *gründet* sich auf das Nicht, das dem Nichten des Nichts entspringt. [...] **Wenn so die Macht des *Verstandes* im Felde der Fragen nach dem Nichts und dem Sein gebrochen wird, dann entscheidet sich damit auch das Schicksal der Herrschaft der 'Logik' innerhalb der Philosophie. Die Idee der 'Logik' selbst *löst sich auf* im Wirbel eines ursprünglicheren Fragens.**" (WM S. 22, WGM S. 13 f.)[142]
Nachdem Heidegger die Frage nach dem Nichts kurz beleuchtet hat, kehrt er am Ende seines Vortrages zu seinem Ausgangspunkt, nämlich zur Wissenschaft zurück. Unserer Auffassung nach stellte Heidegger am Anfang des Vortrags den aktuellen uneigentlichen Zustand der Wissenschaft einer anderen eigentlichen Möglichkeit gegenüber. Dadurch, daß Heidegger das Verhältnis der Wissenschaften zu dem Nichts in seinen Gedankengang miteinbezogen hat, was das Publikum des Vortrags genügend schockiert haben dürfte, gewann er eine Perspektive, die das Neubedenken der eigentlichen und uneigentlichen Möglichkeitsdimensionen der Wissenschaft ermöglicht hat.
Wir haben gesehen, daß Heidegger – in Zusammenhang mit dem Verhältnis zum Nichts – von dem zwiespältigen Wesen der Wissenschaft spricht, das darin besteht, daß die sich am Seienden ausrichtende Wissenschaft, die sonst vom Nichts nicht einmal wissen will, sobald sie das Wesen des Seienden festhalten will, das Nichts zu Hilfe ruft. Nach den Überlegungen über das Nichts denkt Heidegger dieses Verhältnis fort, was auch uns die Möglichkeit bietet, mit dem in den früheren Kapiteln in Angriff genommenen Interpretationsversuch der ganzen Heideggerschen Wissenschaftsauffassung fortzufahren und ihn einer Vollendung entgegenzuführen.
„Das wissenschaftliche Dasein hat seine Einfachheit und Schärfe darin, daß es sich in einer ausgezeichneten Weise zum *Seienden selbst* verhält und einzig zu ihm. Das Nichts möchte die Wissenschaft mit überlegener Geste preisgeben. Jetzt aber wird im Fragen nach dem Nichts offenbar, daß dieses wissenschaftliche Dasein *nur möglich* ist, wenn es sich im vorhinein in das Nichts hineinhält. Es versteht sich erst dann in dem, was es ist, wenn es das Nichts nicht preisgibt. **Die vermeintliche Nüchternheit und Überlegenheit der Wissenschaft wird zur**

---

[142] Auf die Problematik der Logik können wir in dieser Abhandlung nicht eingehen, wir wollen lediglich die Bemerkung machen, daß auch dem obigen Zitat deutlich entnommen werden kann: Die ursprungswissenschaftliche Annäherungsweise ist auch bei der Behandlung dieser Frage von zentraler Bedeutung.

Lächerlichkeit, wenn sie das Nichts nicht ernst nimmt. Nur weil das Nichts offenbar ist, kann die Wissenschaft das Seiende selbst zum Gegenstand der Untersuchung machen. Nur wenn die Wissenschaft aus der Metaphysik existiert, vermag sie ihre wesenhafte Aufgabe stets neu zu gewinnen, die nicht im Ansammeln und Ordnen von Kenntnissen besteht, sondern in der immer neu zu vollziehenden Erschließung *des ganzen Raumes der Wahrheit* von Natur und Geschichte." (WM S. 27, WGM S. 17 f.)

„Das wissenschaftliche Dasein hat seine Einfachheit und Schärfe darin, daß es sich in einer ausgezeichneten Weise zum *Seienden selbst* verhält und einzig zu ihm." Aus diesem Satz ist einerseits ersichtlich, daß in diesem Anschnitt die Rede von der Wissenschaft nicht im Sinne der Philosophie ist, man möge nur an die Unterscheidung zwischen der Wissenschaft des Seienden und der des Seins denken. Andererseits kann aus diesem Satz auch ersehen werden, daß sich die Polemik Heideggers natürlich *nicht* dagegen richtet, daß sich die Wissenschaft am Seienden orientiert. Früher haben wir schon Argumente dafür ins Feld geführt, daß die freie Bindung an das Seiende, um das Seiende aufzudecken, an und für sich auf keinen Fall als uneigentlich zu betrachten ist. Auch die Ausdrücke 'Einfachheit' und 'Kraft' untermauern diese Interpretation.

„Das Nichts möchte die Wissenschaft mit überlegener Geste preisgeben." Diese Orientierung am Seienden enthält dennoch die Tendenz, ausschließlich, absolut und parallel dazu gegenüber Möglichkeitsvoraussetzungen und Ursprungssphären blind zu werden. Wenn sich die objektivierende Einstellung in die Richtung des Vollzugs verselbständigt, dann kann vorkommen, daß 'die Wissenschaft sich selbst vergißt'. Sie kann jene Überlieferung vergessen, an der sie teilhat, jenen existenzialen Einsatz, jene Leidenschaft, die die Wissenschaft ursprünglich charakterisiert hat und immer noch charakterisieren sollte, sie kann auch daran vergessen, daß die Art und Weise, wie das Seiende aufgedeckt wird – im Sinne der Revision der Grunderfahrungen –, darauf angewiesen sein kann, von neuem durchdacht zu werden.

„Die Endlichkeit des Daseins – das Seinsverständnis – *liegt in der Vergessenheit.*" (KPM S. 210),[143] schrieb Heidegger in seiner Kant-Interpretation, die 1929 erschien. In diesem Sinne können wir sagen, daß die Wissenschaft, wenn sie ihre eigenen Grenzen, ihre echten Möglichkeiten vergißt, der Endlichkeit des Daseins, des Seinsverstehens zum Opfer fällt. Heidegger sagt dazu in dem untersuchten

[143] Der Aufdeckung der inneren Zusammenhänge jener verschiedenen Dimensionen der Endlichkeit, die Heidegger aufgeworfen hat, sollte eigens eine Abhandlung gewidmet werden. Wir müssen uns hier mit einer kurzen Bemerkung begnügen. Den alltäglichen Umgang hat Heidegger mit dem Begriff Aufgehen charakterisiert. Aufgehen heißt uns selbst und jene Horizonte vergessen, die das Tätigsein lenken. Diese Horizonte 'funktionieren' so, daß sie den Blick des Daseins auf das Seiende lenken. In diesem Sinne ist (auch) das Vergessen in der Funktionsweise der Horizonte und der Zugangsarten anwesend.

Vortrag: „So endlich sind wir, daß wir gerade nicht durch eigenen Beschluß und Willen uns ursprünglich vor das Nichts zu bringen vermögen." (WGM S. 15). Die Endlichkeit des Daseins hat also auch eine Dimension, infolge der wir – jedenfalls was ihre Tendenz anbelangt – gerade dieser Endlichkeit nicht ins Auge sehen können. Auch die Wissenschaft ist geneigt, ihre Endlichkeit zu vergessen. Deshalb muß eine als Gegenbewegung aufgefaßte Phänomenologie auch eine Wiedererinnerung sein. Heidegger formuliert diese Aufgabe nur in allgemeinen Zügen: „Der fundamentalontologische Grundakt der Metaphysik des Daseins als der Grundlegung der Metaphysik ist daher eine 'Wiedererinnerung'. Echte Erinnerung muß aber jederzeit das Erinnerte verinnerlichen, d.h. es sich mehr und mehr in seiner innersten Möglichkeit wieder entgegenkommen lassen." (KPM S. 211) Vorhin – während der Interpretation – sind wir zur Überzeugung gekommen, daß sich die (eigentliche) Bewegung der Wissenschaften in der replizierenden Wiederholung der Begründung ihrer Forschungstradition vollzieht. Im Sinne der replizierenden Wiederholung und Revision der Grunderfahrungen und der Grundbegriffe ist die ihren Ursprung *vergessende* Wissenschaft in erster Linie offensichtlich an ihre Gründung zu erinnern.[144]

„Jetzt aber wird im Fragen nach dem Nichts offenbar, daß dieses wissenschaftliche Dasein *nur möglich* ist, wenn es sich im vornhinein in das Nichts hineinhält. Es versteht sich erst dann in dem, was es ist, wenn es das Nichts nicht preisgibt." Es scheint zweckhaft, diese beiden Sätze zusammen zu behandeln, denn der erste Satz verweist auf die allgemeine Möglichkeitsvoraussetzung[145] der Wissenschaft, wobei der andere auf die Möglichkeit des Verstehens dieser Möglichkeitsvoraussetzung, also auf die Möglichkeit der Selbstaneignung der Wissenschaft verweist. Die erste Frage der Interpretation ist, inwiefern 'die Hineingehaltenheit in das Nichts' im allgemeinen eine Möglichkeitsvoraussetzung des Verhaltens zum Seienden sein kann. Heidegger faßt die Hineingehaltenheit in das Nichts als so ein *Geschehen* auf, das auch die Verwiesenheit auf das Seiende im Ganzen in sich einschließt. Die Interpretation, der zufolge das erste Moment dieses Geschehnisses, der Ausstoß, die Abweisung jene Entfernung, jenen Raum schafft, in dem wir uns unter dem Aspekt des Ganzen zum Seienden verhalten können, scheint plausi-

[144] Kuhn bietet in seinem berühmten Buch im Kapitel *Die Unsichtbarkeit der Revolutionen* eine gute Charakterisierung der ihren Ursprung vergessenden Wissenschaft. (Kuhn 1991 S. 147-154)

[145] Es ist nicht ganz auszuschließen, daß bereits der erste Satz engerer Bedeutung ist und sich nur auf die Möglichkeit der echten Wissenschaft bezieht. Der Vergleich mit einer früher schon zitierten Textstelle jedoch macht die obige Interpretation wahrscheinlich: „Das Sein des Seienden ist aber überhaupt nur verstehbar - und darin liegt die tiefste Endlichkeit der Transzendenz – wenn das Dasein im Grunde seines Wesens sich in das Nichts hineinhält. Dieses Sichhineinhalten in das Nichts ist kein beliebiges und zuweilen versuchtes 'Denken' des Nichts, sondern ein Geschehen, das allem Sichbefinden inmitten des schon Seienden zugrundeliegt". (KPM S. 214 f.) Demzufolge bezieht sich der Ausdruck ‚Sichhineinhalten in das Nichts' auf eine allgemeine Möglichkeitsvoraussetzung.

bel. Heidegger spricht in einem bereits untersuchten Gedankengang, der übrigens mehr als ein halbes Jahr später vorgetragen wurde, ebenfalls von einem – nicht unbedingt demselben – Grundgeschehen: „Dieses Grundgeschehen erschöpft zwar nicht das, was wir mit *Weltbildung* meinen, aber gehört wesentlich dazu." (GA 29/30 S. 512) Dieses Geschehen ist dreifach gegliedert und bedeutet das folgende: „Sich-entgegenhalten von Verbindlichkeit, Ergänzung, Enthüllung des Seins des Seienden." (GA 29/30 S. 512) Es geht hier also um ein Geschehen, von dem ein Element die Ergänzung ist. Wenn wir die Weltbildung als Bildung eines Bedeutungsraumes, als die Erschaffung einer Bedeutungsganzheit auffassen und die Welt – wie Heidegger selbst schreibt – „die Offenbarkeit des Seienden als solchen im Ganzen" (ebd.) ist, dann läßt sich dieser Vorgang mit jener Ausgestoßenheit in Verbindung setzen, infolge dessen wir auf das Seiende im Ganzen verwiesen werden.

Demnach können wir sagen, daß die Hineingehaltenheit des Daseins in das Nichts, das Nichten des Nichts, als ein Geschehen zu interpretieren ist, in dessen Verlauf das Abgestoßenwerden von dem Seienden *jenen Raum eröffnet*, in dem wir dem Seienden schon in Hinblick auf ein Ganzes begegnen können, uns zu ihm also überhaupt erst verhalten können. Diesen äußerst spekulativen Gedanken zu verstehen, könnte uns vielleicht dabei behilflich sein, zu bedenken, daß eine Zuwendung zum Seienden, ein Sichverhalten zu ihm nur dann möglich ist, wenn wir uns in einer bestimmten Entfernung von ihm befinden, wenn wir ihm nicht – ganz – verhaftet sind. Auch im Begriff des Spielraums klingt ohnehin ein So-oder-anders mit an bzw. dessen Gegenteil als ein So-oder-so-nicht. Die Nichtigkeit des Entwurfes hat ebenfalls gemeint, daß das Entwerfen auch ein Verzicht auf andere Entwürfe ist. Das Verhältnis des menschlichen Daseins zum Seienden läßt sich ohne die Möglichkeit des Nicht und ohne Freiheit nicht denken. Der Begriff des Erfahrungsspielraums ist – meiner Meinung nach – ohne die Möglichkeiten der Nähe und der Entfernung, der Bindung an das Seiende und der Losbindung von ihm nicht zu denken.

Wir können dem oben Ausgeführten zufolge das Nichten des Nichts als ein zum Sein des Daseins gehörendes Geschehen verstehen, das eines der Momente des Erfahrungsverhältnisses zum Seienden bildet. Wenn wir früher das verstandene *Sein* als jenen Spielraum angesehen haben, innerhalb dessen wir dem Seienden begegnen können, dann müssen wir dies im Lichte dieser Schrift dadurch ergänzen, daß die Möglichkeitsvoraussetzung des menschlichen Seinsverständnisses die Endlichkeit des menschlichen Daseins ist. Wie auch Heidegger schreibt: „Das Nichts [...] enthüllt sich als zugehörig zum Sein des Seienden", „weil das Sein selbst im Wesen endlich ist und sich nur in der Transzendenz des in das Nichts hinausgehaltenen Daseins offenbart." (WM S. 25 f., WGM S. 16 f.) Demnach könnte man das grundsätzliche Seinsverhältnis des Daseins zu dem Seienden als eine solche – als

die Möglichkeitsvoraussetzung jedes konkreten Verhältnisses aufgefaßte – Dynamik begreifen, in der die Endlichkeit eine entscheidende Rolle spielt.[146]
Um zu dem in Frage stehenden Satz zurückzukehren, läßt sich dem Obigen nach sagen, die Hineingehaltenheit in das Nichts als Geschehen der wissenschaftlichen Seinsweise diene – als einer jener Seinsmodi, in denen sich das menschliche Dasein zum Seienden verhält – als Möglichkeitsvoraussetzung. Vor der konkreten Interpretation des zweiten Satzes – die Wissenschaft versteht sich erst dann in dem, was sie ist, wenn sie das Nichts nicht preisgibt – erscheint als zweckhaft, einige Vorüberlegungen vorauszuschicken. Dieser Satz ist nämlich – meines Erachtens – erst durch die Einbeziehung des Begriffes der echten Wissenschaft überhaupt zu interpretieren.
In Kapitel 4.4. haben wir drei solche Grundrichtungen, Ursprungssphären unterschieden, denen gegenüber die echte Wissenschaft offen sein muß. Die eine Richtung ist das Verhältnis zu der Wissenschaftlichkeit als Tradition. Hier können wir an die wissenschaftliche Grundhaltung, an die Radikalität der Fraglichkeit, an die Fähigkeit zur Krise und an die Strenge denken, die tiefer liegt als die Exaktheit. Die andere Richtung kann die Rückwendung zur Persönlichkeit, zur ursprünglichen Basis der menschlichen Existenz sein. Die dritte mögliche Richtung, die sich hier abzeichnet, ist die Erschließung der ursprünglichen Erfahrung der Dinge. Dieser Vielfältigkeit ist die oben analysierte Mannigfaltigkeit der Endlichkeit des menschlichen Daseins entgegenzusetzen. Unsere Frage ist also die folgende: In welchem Verhältnis stehen diese beiden Vielfältigkeiten zueinander, wenn Heidegger das Selbstverständnis und die Selbstaneignung der Wissenschaft mit der Zuwendung zum Nichts, also zur Erfahrung der Endlichkeit des Daseins verbindet? Die Untersuchung dieser Frage beginnen wir mit dem Verhältnis der Wissenschaft zu ihrer eigenen Tradition. Heidegger hat an einer Stelle die echte Wissenschaft so charakterisiert, daß sie sich in der Fraglichkeit, in der Problematik aufhält (GA 61 S. 37). In *Sein und Zeit* hat er das Niveau der Wissenschaft in der Fähigkeit zur Krise erfaßt. Die Offenheit gegenüber der Krise, also die Offenheit, in Frage gestellt zu werden, ist eine Erschlossenheit gegenüber dem Nicht, gegenüber der Möglichkeit, daß unsere ausgebaute, gut bewährte Zugangsart versagen kann. Die Möglichkeiten des Versagens können wir – meines Erachtens – in Heideggers Erläuterungen der Endlichkeitsdimensionen des menschlichen Daseins auffinden.[147]
Die Nichtigkeit sowohl der Geworfenheit wie auch des Entwurfs läßt sich mit

[146] Diese außerordentlich interessante, aber äußerst komplexe und schwierige Problematik können wir hier nur streifen. Ich möchte den Kreis dieser Fragen später in einer eigens diesem Thema gewidmeten Studie aufarbeiten.

[147] „Diese Grundlagenkrisis ist diejenige, die, wenn sie recht verstanden wird, die Endlichkeit der Wissenschaft in einem ursprünglichen Sinne klarmacht, d.h. sie macht offenbar, daß die Wissenschaft eine wesenhafte Möglichkeit der Existenz des Menschen ist.“ (GA 27 S. 41)

dieser Möglichkeit leicht in Verbindung setzen. „Seiend ist das Dasein geworfenes, *nicht* von ihm selbst in sein Da gebracht. Seiend ist es als Seinkönnen bestimmt, das sich selbst gehört und doch *nicht* als es selbst sich zu eigen gegeben hat. Existierend kommt es nie hinter seine Geworfenheit zurück. [...] In der Struktur der Geworfenheit [...] liegt wesenhaft eine Nichtigkeit." (SZ S. 284 f.) Wenn wir diese Sätze auf das Dasein beziehen, das sich wissenschaftlich betätigt, dann liegt offen zu Tage, daß auch der Wissenschaftler so in eine historisch gegebene Forschungstradition hineingewachsen ist, daß er sie ursprünglich nicht gewählt hat. Diese Zuwendung zur Geworfenheit bedeutet, daß die Wissenschaft mit der wahllosen Wahl dieser Tradition konfrontiert wird, also er die Wahl selbst oder zumindest deren Möglichkeit wählen kann. Die Wahl der Möglichkeit der Wahl wird in diesem Fall in der Offenheit der jeweiligen Forschungstradition, in Frage gestellt zu werden, zuwege kommen. Meines Erachtens läßt sich der treffende Ausdruck 'Kontingenzschock' von Safranski erneut anwenden, da die Zuwendung zur Nichtigkeit der Geworfenheit gerade mit der *Zufälligkeit* der jeweiligen Forschungstradition konfrontiert. Überdies ist zu betonen, daß sich die Konfrontation mit der Nichtigkeit der Geworfenheit nicht auflösen läßt, oder wie Heidegger schreibt: Das Dasein kommt existierend nie hinter seine Geworfenheit zurück. Dies läßt sich auf den Wissenschaftler so ummünzen, daß dieser, so sehr er auch gegen die aktuelle Tradition auftreten mag, an seiner Geworfenheit schließlich doch nichts ändern kann. Einerseits deshalb, weil seinen Tätigkeiten auch sein Gepräge desjenige aufdrückt, wogegen er ankämpft. Andererseits jedoch auch deshalb, weil die Ursprungssphären, auf die er bei der Revision der Grunderfahrungen zurückgreifen kann, auch selbst von der Geworfenheit (mit)-bestimmt sind. Man möge an die Erfahrungsebenen der faktischen Lebenswelt oder an die Existenz des Wissenschaftlers denken.

Wir können ähnliche Überlegungen in bezug auf die andere grundsätzliche strukturelle Komponente des menschlichen Daseins, in bezug auf den Entwurf anstellen: „Der Entwurf ist nicht nur als je geworfener durch die Nichtigkeit des Grundseins bestimmt, sondern *als Entwurf* selbst wesenhaft *nichtig*." (SZ S. 285) Von unserem Gesichtspunkt aus ist die Nichtigkeit des Entwurfes deshalb besonders bemerkenswert, weil der Entwurf in der Heideggerschen Interpretation der Wissenschaft eine Schlüsselrolle spielt. Vorhin haben wir schon versucht, zwischen der Endlichkeit des Entwurfs und den schöpferischen Fähigkeiten des endlichen menschlichen Daseins, namentlich der Weltbildung, den neuen Seinkönnen, der Erschaffung von Möglichkeitsbereichen einen Zusammenhang herzustellen. Somit dürfen wir mutig verkünden, daß *die Zuwendung zur Nichtigkeit des Entwurfes eine Erschlossenheit gegenüber den 'schöpferischen' Fähigkeiten und den Ursprungsdimensionen der Produktivität bedeutet, bzw. sie kann auch als eine Bereitschaft interpretiert werden, sich den Spannungen zwischen der Produk-*

tivität und der Rezeptivität (der dritten Labilität) zu stellen, als die Kenntnisnahme dessen, daß wir uns auch in der Wissenschaft stets im Rahmen irgendeiner endlichen Zugangsart betätigen müssen, die wir in ursprünglicher Weise immer wieder in Frage zu stellen haben. Wie wir schon vorhin zitiert haben: „Gerade wenn eine Methode echt ist, den Zugang zu den Wissenschaften verschafft, wird der auf ihrem Grund vollzogene Fortgang und die wachsende Ursprünglichkeit der Erschließung die Methode, die dazu verhalf, notwendig veralten lassen. Das einzig wahrhaft neue in der Wissenschaft und in der Philosophie ist nur das echte Fragen und der dienende Kampf mit den Dingen." (GA 24 S. 467) Das echte Fragen läßt somit jene Zugangsart veralten, die dieses Fragen ermöglicht hat. Das Sich-einlassen in die Nichtigkeit bedeutet gerade, daß wir gewisse Entwürfe der Natur in der Art und Weise entfalten (Rezeptivität) bzw. ihnen in der Art und Weise treu bleiben, daß „die wachsende Ursprünglichkeit der Erschließung" denselben Entwurf allmählich untergräbt und dadurch die Voraussetzungen der Erneuerung erschafft (Produktivität).

Die zweite zu untersuchende Richtung ist die Existenz, die Rückwendung zu den ursprünglichen Dimensionen der menschlichen Persönlichkeit. Wir haben in Kapitel 4.3. untersucht, wie sich die eigentlichen Seinsmöglichkeiten der menschlichen Existenz mit der Erfahrung des Nichts verknüpft werden. Dort wurde festgestellt, daß das Dasein im Lichte des in der Vereinzelung Erfahrenen sein Verhältnis zu den Anderen und zu den Dingen neu schaffen kann, also auf die reduktive und resolutive Phase folgt die Komposition, auf die aufweichende Ablösung der Verhältnisse die Phase der Neubildung der Bezüge. Die Neuformulierung der Verhältnisse erfolgt geradezu durch die Einbeziehung der unverhohlenen Erfahrung der Endlichkeit. *In der Seinsweise der Eigentlichkeit formuliert das Dasein den Bezug seiner selbst und der 'Welt' sowie seine alltäglichen Seinsweisen mithin gerade nicht sub specie aeternitatis, sondern unter dem Aspekt der als die seine eigene erfahrenen, endlichen vereinzelten Existenz.*

Auch haben wir gesehen, daß Heidegger die Erneuerung der Philosophie und der Wissenschaft mit der Wahrheit des Lebens, mit der Notwendigkeit des existenzialen 'Einsatzes' verbunden hat. Wenn aber die Möglichkeitsvoraussetzung der echten Wissenschaft die existenziale Betroffenheit des Forschers, seine leidenschaftliche Beteiligung ist, dann kann auch unter dem Aspekt der Eigentlichkeit des wissenschaftlichen Seinsmodus des menschlichen Daseins entscheidend sein, ob der Forscher (auch) in Hinsicht auf die als seine erfahrene, endliche Existenz seine sich aus dieser Seinsweise ergebenden Bezüge neu formuliert.

Die Einbeziehung von der Erfahrung der Endlichkeit bedeutet auch die Einschaltung der Problematik der Geschichtlichkeit. Wie Heidegger in *Sein und Zeit* schreibt: *„Das eigentliche Sein zum Tode, das heißt die Endlichkeit der Zeitlichkeit, ist der verborgene Grund der Geschichtlichkeit des Daseins.*" (SZ S. 386) In

Hinblick auf das wissenschaftliche Dasein kann dieses Moment eine besondere Relevanz erlangen, denn einer der Charakterzüge der Objektivation ist gerade die Entgeschichtlichung. Wenn eine der Möglichkeitsvoraussetzungen der echten Wissenschaft ist, daß sich das menschliche Leben seiner Endlichkeit gegenüber erschließt, dann bedeutet das erneut die *Annahme* einer Labilität, eines spannungsvollen Verhältnisses, die Gegenüberstellung der Geschichtlichkeit und entgeschichtlichender Tendenzen, es bedeutet das Existieren in diesem Spannungsraum.[148]

Die dritte Richtung, die Beziehung der ursprünglichen Dimensionen der Aufdeckung des Seienden zur Endlichkeit des menschlichen Daseins, zum Nichten des Nichts wurde schon analysiert. Wir haben das Nichten des Nichts als ein zum Sein des Daseins gehörendes Geschehen interpretiert, das *eines* der Momente des Erfahrungsverhältnisses zu dem Seienden bildet.

Der Anspruch, der Endlichkeit gegenüber erschlossen zu sein, hat auch in Hinsicht auf die Problematik der Begründung der Wissenschaften Wichtiges zur Folge. Das Programm der Begründung der Wissenschaften kann ja durch die Nichtigkeit der Geworfenheit und des Entwurfs zumindest in Frage gestellt werden. „In der Struktur der Geworfenheit sowohl wie in der des Entwurfs liegt wesenhaft eine Nichtigkeit. [...] *Die Sorge selbst ist in ihrem Wesen durch und durch von Nichtigkeit durchsetzt.* Die Sorge – das Sein des Daseins – besagt demnach als geworfener Entwurf: Das (nichtige) Grund-sein einer Nichtigkeit. Und das bedeutet: *Das Dasein ist als solches schuldig*" (SZ S. 285) In der Analyse von Kapitel 4.3. haben wir festgestellt, daß sich der in Klammern gesetzte Ausdruck 'nichtig' auf eine ontologische Ebene, auf das Sein des Daseins bezieht. Erweist sich indessen das Dasein qua Grundsein als nichtig, dann ist zu bedenken, inwiefern dann noch die Fundamentalontologie die Aufgabe der – in Kapitel 3.2.3. analysierten – Begründung der Wissenschaft erfüllen kann. Diese Aufgabe wäre – Heideggers Vorstellungen zufolge und der Idee der Ursprungswissenschaft gemäß – eine ontologisch-phänomenologische Untersuchung zur Entstehung der Wissenschaft, in deren Verlauf die Phänomenologie Einblick in jene ursprünglichen Strukturen, in jene Erfahrungsbasen des menschlichen Daseins als In-der-Welt-seins gewähren würde, die in der Wissenschaft fortleben.

Das Ergebnis der Analytik des menschlichen Daseins, der Nachweis der Nichtigkeit im Sein des Daseins hat jedoch die Paradoxie dieses Unterfangens aufgedeckt. Die Wissenschaft erbt als Seinsmodus des Daseins dessen Bestimmtheiten:

---

[148] Es kann in dieser Abhandlung nicht untersucht werden, welche Wirkung die berühmte Studie von Max Weber *Wissenschaft als Beruf* auf Heidegger ausgeübt hat bzw. welche parallelen Tendenzen bei beiden Autoren wirksam waren. Wie bekannt, formuliert Weber, sich auf Tolstoi stützend, die Frage, ob die Fortschrittsgläubigkeit und Unabgeschlossenheit der modernen wissenschaftlichen Praxis den Tod, den Abschluß des Lebens nicht sinnlos macht (Weber 1992 S. 87 f).

dessen Endlichkeit, Geschichtlichkeit, die Nichtigkeit von dessen Grundsein. *In diesem Sinne sollte die Begründung, die Aufdeckung der Entstehung letztendlich gerade darin bestehen, daß die phänomenologische Untersuchung der als Seinsmodus des Daseins aufgefaßten Wissenschaft die Nichtigkeit des Grundseins von Dasein erschließt und der Vorgang der anvisierten Aneignung sollte zum Verstehen, zur Aufarbeitung dieses Paradoxes führen, er sollte in das Ertragen, in das Überstehen dieser Spannung münden.*

Diese Konsequenzen wurden – meines Erachtens – auch von Heidegger immer folgerichtiger gezogen. Um dies einzusehen, erscheint als zweckhaft, zunächst einzelne Gedanken aus einer der Vorlesungen des späten Heidegger in Betracht zu ziehen. Es geht um die Vorlesung aus dem Wintersemester 1955/56 mit der Überschrift *Vom Satz des Grundes* sowie um einen sich unmittelbar anlehnenden Vortrag, den Heidegger am 24. Oktober 1956 in Wien gehalten hat (vgl. SG S. 7). Diese Texte könnten wir natürlich nur im Lichte der Gedankenwelt des späten Heidegger eingehend interpretieren; hier wollen wir nur zeigen, daß sich für Heidegger das Problem der Wissenschaft und der Universität mit den Fragen um die Begründung aufs engste verknüpft hat.

Vom Satz des Grundes schreibt Heidegger das folgende: „Und dennoch – ohne dieses großmächtige Prinzip gäbe es keine moderne Wissenschaft, ohne eine solche Wissenschaft gäbe es nicht die heutige Universität. Diese gründet auf dem Satz vom Grund." (SG S. 49) „Der Anspruch auf die Zustellung des Grundes ist für die Wissenschaften das Element, darin ihr Vorstellen sich bewegt wie der Fisch im Wasser und der Vogel in der Luft." (ebd. S. 59)

Ohne Begründung gibt es keine Wissenschaft, wenn diese Behauptung dem späten Heidegger offensichtlich war, dann muß sie auch dem Heidegger der Fundamentalontologie wahr gewesen sein. Die Frage ist nur, auf welchen Gründen diese Begründung beruht bzw. inwiefern das Aufzeigen der Ursprungssphären als Begründung betrachtet werden kann, wenn diese sich als endlich und geschichtlich erweisen. Meines Erachtens bedarf diese Frage keiner eindeutigen Antwort. Es lohnt sich zunächst zu erkennen, daß wir bezüglich des Aufdeckens des Seienden zu einem Interpretationsschema vorgestoßen sind, gemäß dem der zum Sein des Daseins gehörende Bedeutsamkeitszusammenhang und das Sein des fraglichen Seienden gemeinsam den Spielraum der Erfahrung ausbreiten. Auch haben wir gesehen, daß der wissenschaftliche Entwurf „die möglichen Wege zum reinen Entdecken des innerweltlichen Seienden" (SZ S. 363) *mit Hinblick auf das Sein des Seienden* umreißt, wodurch die Wissenschaften begründet werden.

Folglich können wir zwei – einander ergänzende – Behauptungen aufstellen: 1.) Die Begründung der Wissenschaft, im Sinne der vorgängigen Aufdeckung eines Seinsgebietes und der Ausarbeitung einer das Forschen leitende Sichtweise, ist eine berechtigte und vernünftige Aufgabe und funktioniert eigentlich, solange die

Wissenschaften sie als Grund betrachten und benützen, auch in der Tat als Grund. 2.) Dieser Begründungsvorgang wird durch den zum Sein des Daseins, das sich als geschichtlich und endlich erwies, gehörenden Bedeutsamkeitszusammenhang mit konstituiert. Insofern muß jeder Begründungsversuch, soweit er im ursprungswissenschaftlichen Sinne konsequent ist, seiner eigenen *Abgründigkeit* ins Auge sehen.

Diese Ansicht bedeutet gleichwohl nicht ein Versagen des Begründungsversuchs, sondern das konsequente Annehmen einer Spannung, die sich aus dem zwiespältigen Wesen der Wissenschaft bzw. aus den schon oft zitierten Labilitäten und gegensätzlichen Tendenzen notwendigerweise ergibt. Die objektivierenden Tendenzen der Entlebung und der Entweltlichung nämlich – wie das aus den vorangegangenen Untersuchungen klar hervorgeht – kommen nicht vollends zur Geltung, die Wissenschaften also sind nicht in der Lage, sich vollkommen aus den lebensweltlichen Verhältnissen herauszuobjektivieren. Die Dynamik dieses Vorganges haben wir früher mit Hilfe einer zweischichtigen spannungsvollen Struktur interpretiert. Laut dieser Struktur hat eine tiefer gelegene Schicht des In-der-Weltseins fortwährende Relevanz für die objektivierende Wissenschaft im Ganzen.

Im Laufe der Ausarbeitung der Fundamentalontologie erwies sich gleichwohl gerade diese tiefer gelegene Schicht als endlich und geschichtlich, als in ihrem Grundsein nichtig. Die fest gewordenen objektivierenden Strukturen sind somit in dem geschichtlichen und endlichen In-der-Welt-sein verwurzelt, und in diesem Sinne stößt die in diese Richtung ausgeübte Begründungstätigkeit gegen die Kontingenz der Endlichkeit. Heidegger spricht in seiner Vorlesung vom Sommersemester 1927 an einer Stelle in Zusammenhang mit dem Gedanken, daß die regionale Ontologie, die die Wissenschaften begründet, selbst in der Fundamentalontologie zu begründen sei, schon den folgenden Gedanken aus: „Freilich haben wir dieses jetzt nur in einer rohen Rahmenbetrachtung bestimmt und wissen noch nichts von dem, was das Zentrum der philosophischen Problematik – die Fundamentalontologie – an Rätseln in sich birgt. Genug, wenn wir jetzt sehen, was die *Grundlegung einer Wissenschaft des Seienden* besagt, daß sie sich als *Ontologie* vollzieht und als solche sich in der *Philosophie* abspielt." (GA 25 S. 37) Diese Rätsel können – meines Erachtens – mit der Nichtigkeit, die im Grundsein des Daseins verborgen liegt, zusammenhängen, was Heidegger das Programm der Fundamentalontologie nach und nach als immer problematischer könnte erscheinen lassen haben.[149] Auch die Aufgabe der Begründung der Wissenschaft erscheint

[149] Womöglich beziehen sich auch auf dieses Problem die Worte von Heidegger, die er – auf *Sein und Zeit* zurückblickend – im Jahre 1941 gesprochen hat: „Daß dieses Buch seine Mängel hat, davon glaube ich selbst einiges zu wissen. Es ist hier wie bei einer Besteigung eines unbestiegenen Berges. Weil er steil und unbekannt zugleich ist, gerät, wer hier geht, bisweilen ins Stürzen. Der Wanderer hat sich plötzlich verstiegen. Zuweilen stürzt er auch ab, ohne daß der Leser das merkt, denn die Seitenzahlen gehen ja weiter". (GA 49 S. 27)

natürlich von dieser Perspektive heraus betrachtet in einem neuen Licht. Wenn die Wissenschaft das Nichts nicht zur Kenntnis nimmt, dann verzichtet sie auf jene Ursprungsdimensionen, in deren Licht sie sich als kontingent, endlich, geschichtlich sehen und verstehen kann.

„Die vermeintliche Nüchternheit und Überlegenheit der Wissenschaft wird zur Lächerlichkeit, wenn sie das Nichts nicht ernst nimmt.“ Wenn die Wissenschaft so tut, als ob ihre Gründe bis in alle Ewigkeiten unerschütterlich und fest stünden, als wären die Wissenschaftler nicht in einer geschichtlichen Lebenswelt tätig, wenn sie sich von der Möglichkeit, in Frage gestellt zu werden, von der Krise abriegeln, dann wird diese Selbstsicherheit – von den erschlossenen Ursprungssphären her betrachtet – unberechtigt und in der Tat lächerlich. Wenn sich die Wissenschaft – im Sinne einer echten Wissenschaft – gegenüber den Ursprungsdimensionen ihrer eigenen Endlichkeit nicht erschließt, dann verliert sie ihre Fähigkeit, erneuert zu werden, und was damit gleichbedeutend ist, eine Krise zu überstehen. *Die Erschlossenheit gegenüber diesen Sphären, die Einbeziehung von der Spannung der Objektivation und der Lebenswelt, der Produktivität und der Rezeptivität in die wissenschaftlichen Verhaltensweisen, das Ertragen und die 'Inbetriebnahme' dieser notwendigen Labilitäten als Bewegungskräfte sind allesamt notwendige Voraussetzungen dazu, daß die wissenschaftliche Tätigkeit zu keinem bloßen Betrieb wird, daß sie ihre Lebendigkeit und Schöpfungskraft nicht einbüßt.*

„Nur weil das Nichts offenbar ist, kann die Wissenschaft das Seiende selbst zum Gegenstand der Untersuchung machen. Nur wenn die Wissenschaft aus der Metaphysik existiert, vermag sie ihre wesenhafte Aufgabe stets neu zu gewinnen, die nicht im Ansammeln und Ordnen von Kenntnissen besteht, sondern in der immer neu zu vollziehenden Erschließung *des ganzen Raumes der Wahrheit* von Natur und Geschichte.“ (WM S. 27, WGM S. 17 f.) Auch diese Formulierung bestätigt unsere frühere Feststellung, daß die echte Wissenschaft ihre eigenen Ursprungssphären selbständig nicht erschließen kann. Die Wissenschaft kann nur durch die Ausgestaltung eines ursprünglichen Verhältnisses zur Philosophie – oder mit dem Vokabular dieses Vortrags ausgedrückt – zu der Metaphysik in einer echten Weise tätig sein. Heidegger zufolge ist die Wissenschaft darauf angewiesen, daß ihr die Philosophie die Ursprungsdimension im voraus erschließt und mit ihrem Instrumentarium aufarbeitet. Zu Beginn des Vortrags hat Heidegger seine Hand der Wissenschaft gereicht, hier am Ende der Vorlesung zeigt er, welche Aufgaben die Philosophie übernehmen und durchführen muß, damit dieses Verhältnis neu gestaltet werden kann.

Des weiteren ist die Gegenüberstellung im zweiten Satz beachtenswert: die Aufgabe der Wissenschaft besteht „nicht im Ansammeln und Ordnen von Kenntnissen [...], sondern in der immer neu zu vollziehenden Erschließung *des ganzen*

Raumes der Wahrheit von Natur und Geschichte." Diese Wendung erinnert an einen Gedanken in § 3 von *Sein und Zeit*, der meint, „ihr eigentlicher Fortschritt vollzieht sich nicht so sehr in der Aufsammlung der Resultate und Bergung derselben in 'Handbüchern', als in dem aus solcher anwachsenden Kenntnis der Sachen meist reaktiv hervorgetriebenen Fragen nach den Grundverfassungen des jeweiligen Sachgebietes." (SZ S. 9) Früher haben wir die Sätze aus *Sein und Zeit* mit jenem eigentlichen Modus der replizierenden Wiederholung in Zusammenhang gesetzt, dessen Möglichkeitsvoraussetzung wir gerade in der Erschließung der Ursprungssphären erblickt haben. Die immer neu zu vollziehende Erschließung *des ganzen Raumes der Wahrheit* von Natur und Geschichte ist nichts anderes als die Verwirklichung dieser Möglichkeitsvoraussetzung.
Heidegger, als sein Traum in Erfüllung ging und er den Katheder seines Meisters feierlich und symbolisch übernahm, sprach vor dem Plenum der Gelehrtengemeinschaft der Universität von nichts anderem als dem Nichts, mithin eigentlich darüber, daß die Wissenschaft, wie ein großes und edles Roß, „das aber eben seiner Größe wegen sich zur Trägheit neigt und der Anreizung durch den Sporn bedarf" (Platon *Des Sokrates Verteidigung* 30 e), durch die Metaphysik erweckt werden soll. Mit dieser Geste hat Heidegger bei einer edlen Tradition der Philosophie angeknüpft, der zufolge der Philosoph keine inhaltlichen Direktiven geben, belehren will, sie stellt lediglich Fragen, sie erschließt ungewöhnliche Dimensionen, damit die Neuaneignung und das Neubedenken in Angriff genommen werden können.

LITERATURVERZEICHNIS

Schriften von Heidegger
/Abkürzungen/

Gesamtausgabe:

GA 1	*Frühe Schriften,* Hrsg.: F.-W. von Herrmann, Klostermann, Frankfurt am Main, 1978
GA 5	*Holzwege,* Hrsg.: F.-W. von Herrmann, Klostermann, Frankfurt am Main,1977
GA 9	*Wegmarken,* Hrsg.: F.-W. von Herrmann, Klostermann, Frankfurt am Main, 1976
GA 20	*Prolegomena zur Geschichte des Zeitbegriffs,* Hrsg.: P. Jaeger, Klostermann, Frankfurt am Main, 1979
GA 21	*Logik. Die Frage nach der Wahrheit,* Hrsg.: W. Biemel, Klostermann, Frankfurt am Main, 1976
GA 24	*Die Grundprobleme der Phänomenologie,* Hrsg.: F.-W. von Herrmann, Klostermann, Frankfurt am Main, 1975
GA 25	*Phänomenologische Interpretation von Kants Kritik der reinen Vernunft,* Hrsg.: I. Görland, Klostermann, Frankfurt am Main, 1977
GA 29/30	*Die Grundbegriffe der Metaphysik. Welt – Endlichkeit – Einsamkeit,* Hrsg.: F.-W. von Herrmann, Klostermann, Frankfurt am Main, 1983
GA 49	*Die Metaphysik der deutschen Idealismus. Zur erneuten Auslegung von Schelling: Philosophische Untersuchungen über das Wesen der menschlichen Freiheit und die damit zusammenhängenden Gegenstände (1809),* Hrsg.: G. Seubold, Klostermann, Frankfurt am Main, 1991
GA 56/57	*Zur Bestimmung der Philosophie,* Hrsg.: B. Heimbüchel, Klostermann, Frankfurt am Main, 1987
GA 58	*Grundprobleme der Phänomenologie (1919/20)* Hrsg.: H.-H. Gander, Klostermann, Frankfurt am Main, 1993
GA 61	*Phänomenologische Interpretationen zu Aristoteles. Einführung in die phänomenologische Forschung,* Hrsg.:W. Bröcker és K. Bröcker-Oltmans, Klostermann, Frankfurt am Main, 1985
GA 63	*Ontologie (Hermeneutik der Faktizität),* Hrsg.: K. Bröcker-Oltmans, Klostermann, Frankfurt am Main, 1988
GA 65	*Beiträge zur Philosophie (Vom Ereignis),* Hrsg.: F.-W. von Herrmann,Klostermann, Frankfurt am Main, 1989

Weitere Schriften von Heidegger:

PIA	„Phänomenologische Interpretationen zu Aristoteles (Anzeige der hermenetutischen Situation)", Hrsg.: H.-U. Lessing, *Dilthey Jahrbuch für Philosophie und Geschichte der Geisteswissenschaften,* Vandenboeck & Ruprecht in Göttingen, 6/1989, S. 237-93.
BZ	*Der Begriff der Zeit,* Hrsg.: H. Tietjen, Niemeyer, Tübingen, 1989
WDF	*„Wilhelm Diltheys Forschungsarbeit und der gegenwärtige Kampf um eine historische Weltanschauung",* Hrsg.: F. Rodi, Dilthey Jahrbuch für Philosophie und Geschichte der Geisteswissenschaften, Vandenboeck & Ruprecht in Göttingen, 8/1992-1993, S. 143-180.
SZ	*Sein und Zeit,* Niemeyer, Tübingen, 1993
KPM	*Kant und das Problem der Metaphysik,* Klostermann, Frankfurt am Main, 1951
SUR	*Die Selbstbehauptung der deutschen Universität. Das Rektorat,* Hrsg.: H. Heidegger, Klostermann, Frankfurt am Main, 1983
BW	*„Die Bedrohung der Wissenschaft" Zur philosophischen Aktualität Heideggers,* Hrsg.: D. Papenfuss und O. Pöggeler, Klostermann, Frankfurt am Main, 1991, I. köt. S. 5-27.
EM	*Einführung in die Metaphysik,* Niemeyer, Tübingen, 1953
FD	*Die Fragè nach dem Ding,* Niemeyer, Tübingen, 1962
N 1-2	*Nietzsche,* Neske, Pfullingen, 1961, Bd. I-II.
GE	*Gelassenheit,* Neske, Pfullingen, 1959

WP	*Was ist das – die Philosophie*, Neske, Pfullingen, 1960
SG	*Der Satz vom Grund*, Neske, Pfullingen, 1957
ID	*Identität und Differenz*, Neske, Pfullingen, 1957
WGM	*Wegmarken*, Klostermann, Frankfurt am Main, 1967
VA	*Vorträge und Aufsätze*, Neske, Pfullingen, 1954
Wisser	*Martin Heidegger im Gespräch*, Hrsg.: R. Wisser, Alber, Freiburg/München, 1970, S. 67-77.
Spiegel	*Antwort. Martin Heidegger im Gespräch*, Hrsg.: G. Neske és E. Kettering, Neske, Pfullingen, 1988, S. 81-111.

Weitere Literatur:

Apel, Karl-Otto „Ist der Tod eine Bedingung der Möglichkeit von Bedeutung?" *Der Tod in der Moderne*, Hrsg.: H. Ebeling, Athenäum, Hain, Scriptor, Hanstein, S. 226-235.

Apel, Karl-Otto „Heideggers philosophische Radikalisierung der 'Hermeneutik' und die Frage nach dem 'Sinnkriterium' der Sprache" in: *Transformation der Philosophie*, Bd. 1., Suhrkamp, Frankfurt am Main, 1973, S.276-334.

Bast, Rainer A. *Der Wissenschaftsbegriff Martin Heideggers im Zusammenhang seiner Philosophie*, Frommann-Holzboog, Stuttgart-Bad Cannsatt, 1986

Bernet, Rudolf / Kern, Iso / Marbach, Eduard *Edmund Husserl*, Meiner, Hamburg, 1989

Biemel, Walter *Heidegger*, Rowohlt, Hamburg, 1973

Biemel, Walter „Heidegger mûvészet-értelmezése", *Utak és tévutak*, szerk.: Fehér M. István, Atlantisz, Budapest, 1991,127-165. o., (ford. Farkas János László)

Carnap Rudolf „Überwindung der Metaphysik durch logische Analyse der Sprache", *Erkenntnis*, Bd. 2. (1931). 4., S. 219-241.

Crease, Robert P. „Productive Objektivity: The Hermeneutics of Performance in Experimental Inquiry" in: *Hermeneutics and Science Proceedings of the First Conference of the International Society for Hermeneutics and Science*, Hrsg. M. Fehér, O. Kiss, L. Ropolyi, Boston Studies in the Philosophy of Science, Kluwer, 1999, S. 25-34.

Dilthey,Wilhelm *Der Aufbau der geschichtlichen Welt in den Geisteswissenschaften, Gesammelte Schriften VII.*, Teubner, Leipzig und Berlin, 1927

Eger, Martin „Achivements of the hermeneutic-phenomenological approach to natural science A comparison with constructivist sociology" in: *Man and World* 30, 1997, S. 343-367.

Eger, Martin „Language and the Double Hermeneutics in Natural Science" in: *Hermeneutics and Science Proceedings of the First Conference of the International Society for Hermeneutics and Science*, Hrsg. M. Fehér, O. Kiss, L. Ropolyi, Boston Studies in the Philosophy of Science, Kluwer, 1999, 265-280.

Fehér M. István „Heidegger tudományfelfogása (R. A. Bast: Der Wissenschaftsbegriff Martin Heideggers)", *Magyar Filozófiai Szemle* 32 (1988/3-4), S. 472-481.)

Fehér M. István *Martin Heidegger*, Göncöl, Budapest, 1992 (Berufung: 1992 a)

Fehér M. István „The early Heidegger", *Existentia*, Szeged, Budapest, II./1992/1-4., s. 69-96. (Berufung: 1992 b)

Fila Béla „Tudomány és gondolkodás Heidegger bölcseletében", *Vigilia*, 1988/7, S. 489-494.

Gadamer, Hans-Georg *Wahrheit und Methode Grundzüge einer philosophischen Hermeneutik, Gesammelte Werke* Bd. 1., Mohr (P. Siebeck), Tübingen, 1990

Gadamer, Hans-Georg „Erinnerungen an Heideggers Anfänge", *Dilthey Jahrbuch* 4(1986-87), S. 13-26. o.

Gadamer, Hans-Georg „Die phänomenologische Bewegung" in: *Hegel Husserl Heidegger, Gesammelte Werke* Bd. 3., Mohr (P. Siebeck), Tübingen, 1987, S. 105-146.

Gethmann, Carl Friedrich „Philosophie als Vollzug und als Begriff. Heideggers Identitätsphilosophie des Lebens in der Vorlesung vom Wintersemester 1921/22 und ihr Verhältnis zu 'Sein und Zeit'", *Dilthey Jahrbuch* 4(1986-87), S. 27-53.

Gethmann, Carl Friedrich *Dasein: Erkennen und Handeln. Heidegger im phänomenologischen Kontext*, Gruyter, Berlin, New York, 1993

Glazebrook, Trish *Heidegger's Philosophy of Science*, Fordham University Press, New York, 2000
Grondin, Jean *Einführung in die philosophische Hermeneutik*, Wissenschaftliche Buchgeselschaft, Darmstadt, 1991 (Berufung: 1991 a)
Grondin, Jean „Ifjúhegeliánus és etikai motívumok a fakticitás heideggeri hermeneutikájában", *Utak és tévutak*, szerk.: Fehér M. István, Atlantisz, Budapest, 1991, 211-225. o. (ford. Zalán Péter) (hivatkozás: 1991 b)
Grondin, Jean „Zur Entfalting eines hermeneutischen Wahrheitsbegriffs",in: *Philosophisches Jahrbuch*, 1983, 1. Hb., K. Alber, S. 145-153.
Gründer, Karlfried „M. Heideggers Wissenschaftskritik in ihren geschichtlichen Zusammenhängen", *Archiv für Philosophie*, 11 (1961), S. 312-335.
Heelan, Patrick A. „Hermeneutics of Experimental Science in the Context of the Life-world" in: *Philosophia Mathematica*, 1972,Vol. 9, Num 2, S. 101-144.
Heelan, Patrick A. „Why a hermeneutical philosophy of the natural sciences?" in: *Man and World* 30, 1997, S. 271-298.
Held, Klaus „A világ végtelensége és végessége", *Utak és tévutak*, szerk.: Fehér M. István, Atlantisz, Budapest, 1991, 59-72. o. (ford. Farkas János László)
Herrmann, Friedrich-Wilhelm von *Subjekt und Dasein*, Klostermann, Frankfurt am Main, 1985
Herrmann, Friedrich-Wilhelm von *Hermeneutische Phänomenologie des Daseins*, Klostermann, Frankfurt am Main, 1987, Bd. 1
Herrmann, Friedrich-Wilhelm von „Technika, politika és művészet a Beiträge zur Philosophie-ban", *Utak és tévutak*, szerk.: Fehér M. István, Atlantisz, Budapest, 1991, 39-58. o. (ford. Egyedi András)
Herrmann, Friedrich-Wilhelm von *Wege ins Ereignis*, Klostermann, Frankfurt am Main, 1994
Hogemann, Friedrich „Heideggers Konzeption der Phänomenologie in den Vorlesungen aus dem Wintesemester 1919/20 und dem Sommersemester 1920", *Dilthey Jahrbuch* 4(1986-87), S. 54-71.
Husserl, Edmund *Logische Untersuchungen* I-II., Niemeyer, Tübingen, 1968
Husserl Edmund *Aufsätze und Vorträge (1911-1921)*, Husserliana 25., Nijjhof, Dordrecht, 1987
Husserl, Edmund *Ideen zu einer reinen Phänomenologie und die phänomenologischen Philosophie I-III.*, Husserliana 3-5., Nijhoff, Haag, 1950-52
Husserl, Edmund *Die Krisis der europäischen Wissenschaften und die transzendentale Phänomenologie*, Husserliana 6., Nijhoff, Haag, 1954
Ihde, Don „Thingly hermeneutics/Technoconstructions" in: *Man and World* 30, 1997, S. 369-381.
Ihde, Don „Perceptual Reasoning – Hermeneutics and Perception" in: *Hermeneutics and Science Proceedings of the First Conference of the International Society for Hermeneutics and Science*, Hrsg. M. Fehér, O. Kiss, L. Ropolyi, Boston Studies in the Philosophy of Science, Kluwer, 1999, S. 13-23. S.
Jamme, Christoph „Heideggers frühe Begründung der Hermeneutik", *Dilthey Jahrbuch* 4(1986-87), S. 72-90.
Kimmerle, Heinz „Die Funktion der Hermeneutik in den positiven Wissenschaften", Zeischrift für allgemeine Wissenschaftstheorie, V/1 (1974) S. 54-73.
Kisiel, Theodore „Zu einer Hermeneutik naturwissenschaftlicher Entdeckung" *Zeischrift für allgemeine Wissenschaftstheorie* II/2 1971, S. 195-221.
Kisiel, Theodore „Heidegger and the New Images of Science" *Radical Phenomenology*, ed.: J. Sallis, Atlantic Highlands: Humanities Press, 1978
Kisiel, Theodore „Das Entstehen des Begriffsfeldes 'Faktizität' im Frühwerk Heideggers", *Dilthey Jahrbuch* 4(1986-87), S. 91-120.
Kockelmans, Joseph J. *Heidegger and Science*, Current Continental Research 207, Center for Advanced Research in Phenomenology & University Press of America, Washington, D.C., 1985
Kockelmans, Joseph J. *Ideas for a Hermeneutic Phenomenology of the Natural Sciences*, Kluwer, Dordrecht/Boston/London, 1993
Kockelmans, Joseph J. „On the hermeneutical nature of modern natural science" in: *Man and World* 30, 1997, S. 299-313.
Kuhn, Thomas S. *Die Struktur wissenschaftlicher Revolutionen*, Suhrkamp, 1978
Martin, Bernd (hrsg.) *Martin Heidegger und das 'Dritte Reich': ein Kompendium*, Wissenschaftliche Buchgesellschaft, Darmstadt, 1989

Marx, Werner *Heidegger und die Tradition,* Kohlhammer, Stuttgart, 1961

Marx Werner *Vernunft und Welt,* Nijhoff, Haag, 1970

Marx, Werner „Die Sterblichen", *Nachdenken über Heidegger: eine Bestandaufnahme,* Hrsg.: U. Guzzoni, Gerstenberg, Hildesheim, 1980, S. 160-175.

Marx, Werner *Die Phänomenologie Edmund Husserls,* Fink, München, 1987

Márkus György „Why There is No Hermeneutics of Natural Sciences? Some Preliminary Theses" in: *Science in Context,* 1, S. 5-51.

Merker, Barbara *Selbsttäuschung und Selbsterkenntnis,* Suhrkamp, 1988

Mitscherling, Jeff „Realist Phenomenology and the Hermeneutics of the Natural Sciences" Vortrag an der Konferenz „Hermeneutik und Wissenschaften" (2003 Juni, Tihany)

Polányi Mihály „Sinngebung und Sinndeutung" in: *Seminar: Die Hermeneutik und die Wissenschaften,* Hrsg. H.-G. Gadamer und G. Boehm, Suhrkamp, Frankfurt am Main 1978, S. 118-133.

Pöggeler, Otto *Der Denkweg Martin Heideggers,* Neske, Pfullingen, 1963

Pöggeler, Otto *Heidegger und die hermeneutische Philosophie,* Alber, Freiburg, München, 1983

Pöggeler, Otto „Die Krise des phänomenologischen Philosophiebegriffs (1929)", in: *Phänomenologie im Widerstreit,* Hrsg. Ch. Jamme und O. Pöggeler, Suhrkamp, 1989

Richardson, John *Existential Epistemology,* Clarendon Press, Oxford, 1986

Richardson, William J. „Heidegger's Criticue of Science", *The New Scholasticism,* 42 (1968), S. 511-536.

Richter, Ewald *Heideggers Frage nach dem Gewährenden und die exakten Wissenschaften,* Duncker & Humblot, Berlin, Philosophische Schriften Band 5

Ropolyi László / Schwendtner Tibor „Some Problems of Quantum Mechanics from a Hermeneutic Perspective" Vortrag an der zweiten Konferenz „Hermeneutik und Wissenschaften" (1994 September, Budapest)

Rouse, Joseph „Kuhn, Heidegger and scientific realism", *Man and World* 14 (1981) S. 269-290.

Safranski, Rüdiger *Ein Meister aus Deutschland,* Hanser, München, Wien, 1994

Schulz, Reinhard „Was heisst Biologie verstehen? Vorüberlegungen zu einer hermeneutischen Biologie", in: *Hermeneutics and Science Proceedings of the First Conference of the International Society for Hermeneutics and Science,* Hrsg. M. Fehér, O. Kiss, L. Ropolyi, Boston Studies in the Philosophy of Science 206, Kluwer, 1999, S. 171-182

Schwendtner Tibor „Paralellen in der Wissenschaftsauffassung von Heidegger und Kuhn", in: *Hermeneutics and Science Proceedings of the First Conference of the International Society for Hermeneutics and Science,* Hrsg. M. Fehér, O. Kiss, L. Ropolyi, Boston Studies in the Philosophy of Science 206, Kluwer, 1999, S. 35-57.

Sheehan, Thomas „Heidegger's Early Years: Fragments for a Philosophical Biografy" *Heidegger. The Man and the Thinker,* ed.: T. Sheehan, Precedent Publishing, Chicago, 1981, S. 3-19.

Tengelyi László *A bûn mint sorsesemény,* Atlantisz, Budapest, 1992

Thomä, Dieter *Die Zeit und die Zeit danach,* Suhrkamp, Frankfurt am Main, 1990

Tietjen, Hartmut „Martin Heidegger szembesülése a nemzetiszocialista egyetempolitikával és tudományeszménnyel (1933-1938)", *Utak és tévutak,* szerk.: Fehér M. István, Atlantisz, Budapest, 1991, 167-194. o. (ford. Zalán Péter)

Tolstoi, Leo N. *Krieg und Frieden I-IV.,* Vollmer, Wiesbaden – Berlin

Vajda Mihály „Heidegger és a posztmodern" *Utak és tévutak,* szerk.: Fehér M. István, Atlantisz, Budapest, 1991, S. 261-272.

Vajda Mihály *A posztmodern Heidegger,* T-Twins, Lukács Archívum, Századvég, 1993

Vietta, Silvio *Heideggers Kritik am Nationalsozialismus und an der Technik,* Niemeyer, Tübingen, 1989

Weber, Max „Wissenschaft als Beruf" in:*Gesammelte Aufsätze zur Wissenschaftslehre,* Mohr (P. Siebeck), Tübingen, 1968, S. 582-613.

Weizsäcker, Carl Friedrich von „Heidegger und die Wissenschaften", *Der Garten des Menschlichen,* Hansen, München, Wien, 1981, S. 413-431.

Weizsäcker, Carl Friedrich von „Beziehungen der theoretischen Physik zum Denken Heideggers", *Zum Weltbild der Physik,* S. Hirzel, Stuttgart, 1958, S. 243-245.

Michael Blamauer / Wolfgang Fasching / Matthias Flatscher (Hrsg.)

Phänomenologische Aufbrüche

Frankfurt am Main, Berlin, Bern, Bruxelles, New York, Oxford, Wien, 2005. 197 S.
Reihe der Österreichischen Gesellschaft für Phänomenologie.
Herausgegeben von Helmuth Vetter. Bd. 11
ISBN 3-631-53755-7 · br. € 39.–*

Die Beiträge dieses Bandes geben einen Einblick in die Arbeiten einer jungen österreichischen Phänomenologen-Generation. Die Autoren beschäftigen sich in ihren Aufsätzen mit Fragen des Selbstbewusstseins und widmen sich Heideggers Auseinandersetzung mit der Tradition und seinem Suchen nach Alternativen. Ebenso wird der interdisziplinären Relevanz der phänomenologischen Perspektiven, wie z. B. der Phänomenologie des Rechts, der Sprache und der Natur, nachgegangen. Mehrere Arbeiten weisen über die Grenzen der Phänomenologie hinaus und versuchen neue Bereiche zu erschließen, um einen Dialog mit postmodernen Ansätzen – im Hinblick auf Rhetorik, Photographie, Alterität und Politik – zu ermöglichen.

Aus dem Inhalt: *W. Fasching*: Zur Irreduzibilität des reinen Ichs in der transzendentalen Phänomenologie · *M. Blamauer*: Phänomenologische Interpretation zu Schellings Begriff der Natur · *T. Szanto*: Zeitbewusstsein und Reflexion · *E. Schwarz*: Mein subpersonales Repräsentationssystem und ich · *S. Loidolt*: Ein Richter ohne Gesetzbuch · *M. Staudigl*: Tod, Altern, Verletzlichkeit · *D. Portune*: Neuzeitliche Metaphysik und die Zentralperspektive · *M. Flatscher*: Heideggers „Auseinandersetzung" mit dem cartesianischen Methodenideal einer *Mathesis universalis* · *R. Esterbauer*: Zum Begriff einer Sprache der Dinge · *M. G. Weiß*: Giorgio Agambens *Homo sacer* · *K. Ebner*: Phänomenologie der Melancholie oder Melancholie der Phänomenologie? · *P. Zeillinger*: Phänomenologie des Nicht-Phänomenalen · *G. Posselt*: Rhetorik, Politik und der uneigentliche Gebrauch des „Eigennamens"

FSC
www.fsc.org
MIX
Papier | Fördert gute Waldnutzung
FSC® C083411

Kolibri 360 GmbH
Ferdinand-Jühlke-Straße 7
99095 Erfurt, Deutschland
produktsicherheit@kolibri360.de

Druck:
CPI Druckdienstleistungen GmbH
im Auftrag der
Kolibri 360 GmbH
Ferdinand-Jühlke-Str. 7
99095 Erfurt